T0194390

essentials

essentials liefern aktuelles Wissen in konzentrierter Form. Die Essenz dessen, worauf es als „State-of-the-Art" in der gegenwärtigen Fachdiskussion oder in der Praxis ankommt. essentials informieren schnell, unkompliziert und verständlich

- als Einführung in ein aktuelles Thema aus Ihrem Fachgebiet
- als Einstieg in ein für Sie noch unbekanntes Themenfeld
- als Einblick, um zum Thema mitreden zu können

Die Bücher in elektronischer und gedruckter Form bringen das Expertenwissen von Springer-Fachautoren kompakt zur Darstellung. Sie sind besonders für die Nutzung als eBook auf Tablet-PCs, eBook-Readern und Smartphones geeignet. essentials sind Wissensbausteine aus den Wirtschafts-, Sozial- und Geisteswissenschaften, aus Technik und Naturwissenschaften sowie aus Medizin, Psychologie und Gesundheitsberufen. Von renommierten Autoren aller Springer-Verlagsmarken.

Joachim Schlegel

Nichtrostender austenitischer Stahl

Ein Stahlporträt

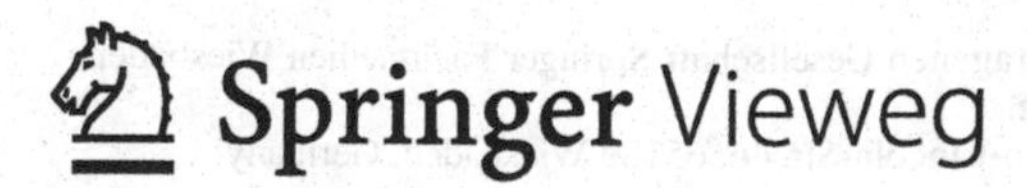

Joachim Schlegel
Hartmannsdorf, Sachsen, Deutschland

ISSN 2197-6708 ISSN 2197-6716 (electronic)
essentials
ISBN 978-3-658-42285-1 ISBN 978-3-658-42286-8 (eBook)
https://doi.org/10.1007/978-3-658-42286-8

Die Deutsche Nationalbibliothek verzeichnet diese Publikation in der Deutschen Nationalbibliografie; detaillierte bibliografische Daten sind im Internet über http://dnb.d-nb.de abrufbar.

Planung/Lektorat: Frieder Kumm
Springer Vieweg ist ein Imprint der eingetragenen Gesellschaft Springer Fachmedien Wiesbaden GmbH und ist ein Teil von Springer Nature.
Die Anschrift der Gesellschaft ist: Abraham-Lincoln-Str. 46, 65189 Wiesbaden, Germany

Was Sie in diesem *essential* finden können

Nichtrostende austenitische Stähle:

- Zur Geschichte
- Bezeichnungen, chemische Zusammensetzungen und Sorten
- Gefüge und Eigenschaften
- Herstellung
- Anwendungen
- Werkstoffdaten

Vorwort

Stahl ist unverzichtbar, wiederverwertbar und hat eine ganz besondere Bedeutung: In unserer modernen Industriegesellschaft ist Stahl der Basiswerkstoff für alle wichtigen Industriebereiche und auch die globalen Megathemen von heute, wie Klimawandel, Mobilität und Gesundheitswesen, sind ohne Stahl nicht lös- bzw. nicht beherrschbar. Beeindruckend ist die schon über 5000 Jahre währende Geschichte des Eisens und der Stahlerzeugung. Die Welt des Stahls ist inzwischen erstaunlich vielfältig und so komplex, dass sie in der Praxis nicht leicht zu überblicken ist (Schlegel 2021). In Form von *essentials* zu Porträts von ausgewählten Stählen und Stahlgruppen soll dem Leser diese Welt des Stahls nähergebracht werden; kompakt, verständlich, informativ, strukturiert mit Beispielen aus der Praxis und geeignet zum Nachschlagen.

Das vorliegende *essential* beschreibt die **nichtrostenden austenitischen Stähle,** die bedeutendsten Stähle aus der Gruppe der rost-, säure- und hitzebeständigen Stähle. Diese weisen ein breites Spektrum an Eigenschaften auf. So ist es kein Wunder, dass sie sehr schnell ihren Siegeszug in alle Bereiche der Technik und des privaten Lebens antraten. Neben hohen Anforderungen an die Korrosionsbeständigkeit und an die mechanischen Eigenschaften werden die nichtrostenden Edelstähle auch besonderen hygienischen und ästhetischen Kriterien gerecht. Deshalb nimmt deren Verbreitung auch heute noch ständig zu.

Für die Motivation, Betreuung und Unterstützung danke ich Herrn Frieder Kumm M.A., Senior Editor vom Lektorat Bauwesen des Verlages Springer Vieweg. Den Herren Dipl.-Ing. Steffen Rehberg, Leiter der Werkstofftechnik bei

BGH Edelstahl Freital GmbH, und Dr.-Ing. Till Schneiders, Vice President Technology & Quality, Deutsche Edelstahlwerke Specialty Steel GmbH & Co. KG, Witten, bin ich dankbar für ihre fachliche Unterstützung bei der Erarbeitung und Sichtung des Manuskripts. Und meinem Bruder, Dr.-Ing. Christian Schlegel, danke ich für seine Hilfe beim Korrekturlesen.

Hartmannsdorf, Deutschland Dr.-Ing. Joachim Schlegel

Inhaltsverzeichnis

1 Grundlagen

1.1 Was ist ein austenitischer Stahl?

Wie alle technischen Metalle ist auch der Werkstoff Stahl vielkristallin, also aus einzelnen Kristallgittern aufgebaut. Deren Modifikationen werden im Stahl durch das Basiselement Eisen bestimmt. Reines Eisen kommt als kubisch-raumzentriertes α-Eisen und oberhalb 911 °C als kubisch-flächenzentriertes γ-Eisen vor (Bleck 2010). Die kubisch-flächenzentrierte Gitterstruktur, wie in Abb. 1.1 dargestellt, wird zu Ehren von Sir *William Chandler Roberts-Austen* (1843–1902) **Austenit** genannt (Bergmann 2013). *Roberts-Austen* erforschte als Professor für Metallurgie an der Royal School of Mines, London, physikalische Eigenschaften von Metallen und Legierungen und entwickelte Methoden zur Bestimmung von Legierungselementen.

Die Bezeichnung „austenitischer Stahl" bezieht sich auf dessen Hauptgefügebestandteil. Es ist ein Edelstahl mit einer Legierungszusammensetzung, die ihm eine stabile oder metastabile austenitische, also eine kubisch-flächenzentrierte Gitterstruktur auch bei Raumtemperatur verleiht. Und diese wird beispielsweise mit einem Chromanteil von mehr als 14 bis 16 Masse-% und einem Nickelanteil von über 8 Masse-% erreicht. Deshalb spricht man in der Praxis auch von Chrom-Nickel-Stählen mit einer besonders guten Kombination aus mechanischen Eigenschaften und Korrosionsbeständigkeit.

J. Schlegel, *Nichtrostender austenitischer Stahl*, essentials,
https://doi.org/10.1007/978-3-658-42286-8_1

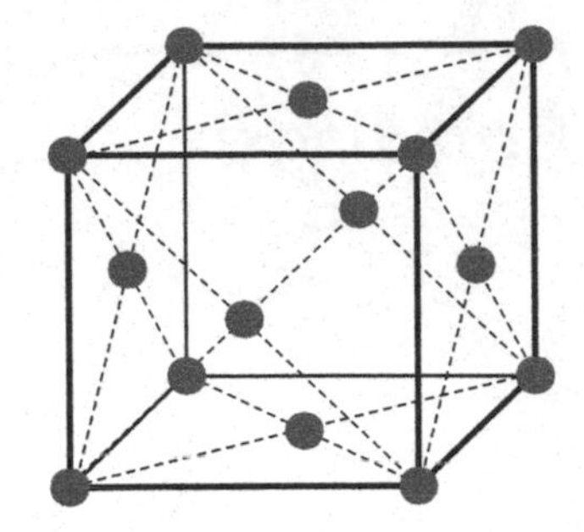

Abb. 1.1 Austenit: Das kubisch-flächenzentrierte Würfelgitter γ-Eisen

1.2 Zur Geschichte

Die Geschichte austenitischer Stähle ist die Geschichte der nichtrostenden, also der Gruppe der korrosionsbeständigen Stähle, die neben dem austenitischen Gefügezustand auch ferritisch, martensitisch oder zweiphasig sein können.

Schon 1821 erkannte der französische Geologe und Mineraloge *Pierre Berthier* (1782–1861), dass ein mit Chrom legierter Stahl nichtrostend wird. Mit den damaligen metallurgischen Möglichkeiten konnte dies jedoch noch nicht technologisch umgesetzt werden (Lowe 2017). Die Zeit war jedoch reif für nichtrostende Stähle. Großverbraucher von Stahl war das Militär. Ende 1900 begann zwischen den Industrieländern ein Wettrüsten ohnegleichen. Große Rüstungskonzerne entstanden. Man baute Kanonen, Panzerschiffe, Torpedos. Der Bedarf an Stahl wuchs gewaltig. Je besser der Stahl, desto besser war auch die Rüstung. Besonders schnell rostete der Stahl an salzhaltiger Seeluft und im Meerwasser. Aber auch an Land, in den Industriegebieten, vernichtete der Rost unaufhaltsam große Werte. Ätzende Laugen, Säuren und viele weitere Chemikalien halten Einzug in der chemischen Industrie. Schon Wasser lässt Rohrleitungen und Kessel aus Eisen rosten. Die Chemikalien z. B. der Unternehmen Bayer, BASF und Hoechst sind, noch dazu bei hohen Temperaturen und Drücken, ein Vielfaches aggressiver. Dass diese Probleme nun mit der Erfindung des austenitischen Stahls um 1912 durch den Chemiker und Metallurgen *Eduard Maurer* (1886–1969) und seinen Abteilungschef, Professor *Benno Strauß* (1873–1944) künftig gelöst werden könnten, ahnten die beiden Erfinder sicher noch nicht. Sie experimentierten schon vier Jahre an der Chemisch-Physikalischen Versuchsanstalt der Friedrich-Krupp-Aktiengesellschaft mit verschiedenen, mit Chrom und Nickel legierten Stählen. Mit ihrer *„Versuchsschmelze 2 Austenit (V2A)“* gelang der Durchbruch in der Metallurgie nichtrostender Stähle. Diese Versuchsschmelze wies 18 Masse-% Chrom und ca. 8 Masse-% Nickel auf und entsprach dem Legierungstyp **18/8**

= 1.4300 (X12CrNi18-8). Hierzu und unter Einbeziehung einer abschließenden Wärmebehandlung meldete 1912 das Unternehmen Friedrich Krupp AG geheim zwei Patente an:

- Patent DE304126: *Herstellung von Gegenständen (Schußwaffenläufen, Turbinenschaufeln usw.), die hohe Widerstandskraft gegen Korrosion erfordern, nebst thermischem Behandlungsverfahren.* Patentiert ab 18. Oktober 1912, veröffentlicht am 22. Februar 1918
- Patent DE304159: *Herstellung von Gegenständen, die hohe Widerstandsfähigkeit gegen den Angriff durch Säuren und hohe Festigkeit erfordern (Gefäße, Rohre, Maschinenteile usw.), nebst thermischem Behandlungsverfahren.* Patentier ab 21. Dezember 1912, veröffentlicht am 23. Februar 1918

Fortan galten *Maurer* und *Strauß* als die Wegbereiter des großtechnischen Einsatzes von rostfreiem Stahl in Deutschland. Ein derartig neuer, austenitischer und korrosionsbeständiger Stahl erhielt den Namen „Nirosta" von **ni**cht **ro**stendem **Sta**hl. Und als Nachfolger vom **18/8** wird heute wegen seiner Anteile an Chrom und Nickel der **18/10 = 1.4301** (X5CrNi18-10) hergestellt.

Interessant ist, dass zeitgleich auch in Österreich im Jahr 1912 vom Ingenieur *Max Mauermann* (1868–1929) ein rostbeständiger Stahl erfunden wurde. Er konnte jedoch den Ruhm für seine Erfindung nicht genießen, denn erst nach seinem Tod wird ihm im Patentstreit mit Krupp die Ersterfindung des rostbeständigen Stahls zuerkannt (Köstler 1990).

1913, ein Jahr nach der damals noch geheimen Krupp'schen Patentanmeldung, gelang auch *Harry Brearley* (1871–1948) in einem Stahlforschungslabor in England die Herstellung eines Chromstahls. Dieser war verschleißbeständig und auch beständig gegenüber Chemikalien. So wurde er als „rustless steel" auch für Bestecke verwendet. Davon ausgehend gilt heute *Harry Brearley* auf den britischen Inseln als der Erfinder des rostfreien Stahls. Und in den USA ist es *Elwood Hayens* (1857–1925), Metallurge, Erfinder, Automobilunternehmer, der zu den Pionieren des korrosionsbeständigen Stahls gezählt wird (Lowe 2017).

Es dauerte noch Jahre, bis die vielfältigen Einsatzgebiete zur Entwicklung und großtechnischen Herstellung einer Vielzahl von nichtrostenden Stählen führten. Beflügelt wurde dies auch durch den Fortschritt in der metallurgischen Erzeugung (Elektrostahlwerke, Einsatz von sekundärmetallurgischen Anlagen wie z. B. die der AOD- und VOD-Konverter zum Entkohlen mit Argon-Sauerstoff-Gemisch oder unter Vakuum mit Sauerstoff). So konnten bald hochwertige, hochlegierte Edelstähle mit niedrigen Kohlenstoff- und definierten Stickstoffgehalten produziert werden. Verbesserte metallurgische Reinheit und homogeneres Gefüge boten die Verfahren des Elektroschlacke-Umschmelzens (ESU). Und Strangguss führte zur Senkung der Herstellungskosten insbesondere für die Standardaustenite mit niedrigen Kohlenstoffgehalten, wie z. B. 1.4307 (X2CrNi18-9) und 1.4404 (X2CrNiMo17-12-2).

Den ersten nichtrostenden austenitischen Hochleistungsstahl AISI 904L – 1.4539 (X1NiCrMoCu25-20-5) produzierte ein schwedischer Hersteller. 1973 brachte ein US-amerikanischer Hersteller den ersten voll meerwasserbeständigen austenitischen nichtrostenden Stahl mit 6 Masse-% Molybdän und mit einem sehr niedrigen Kohlenstoffgehalt auf den Markt.

Die wachsenden Anforderungen ab der 1990er Jahre aus den Bereichen Umweltschutz und Energieerzeugung führten schließlich zur Entwicklung von höchst korrosionsbeständigen austenitischen Sonderstählen mit ca. 7 Masse-% Molybdän und höheren Stickstoffgehalten, z. B. UNS S32654 = 1.4652 (X1CrNiMoCuN24-22-8) und UNS S31266 = 1.4659 (X1CrNiMoCuNW24-22-6). Diese Stähle sind auch in sehr aggressivem, gechlortem Wasser extrem beständig (IMOA/ISER-Dokumentation 2022).

1.3 Einordnung im Bereich der nichtrostenden Edelstähle

Die austenitischen Stähle zählen zur Gruppe der rost- und säurebeständigen Stähle (DIN EN 10088T1 bis T5). Diese umfasst nach dem Gefüge die ferritischen, austenitischen und martensitischen Stähle sowie die ferritisch-austenitischen Duplex-Stähle, schematisch dargestellt in Abb. 1.2. Die nichtrostenden ferritischen, martensitischen und Duplexstähle werden in gesonderten *essentials* vorgestellt.

1.4 Bezeichnungen

Werkstoffnummern
Sie werden durch die Europäische Stahlregistratur vergeben und bestehen aus der Werkstoffhauptgruppennummer (erste Zahl mit Punkt: **1** für **Stahl**), den Stahlgruppennummern (zweite und dritte Zahl) sowie den Zählnummern (vierte und fünfte Zahl).

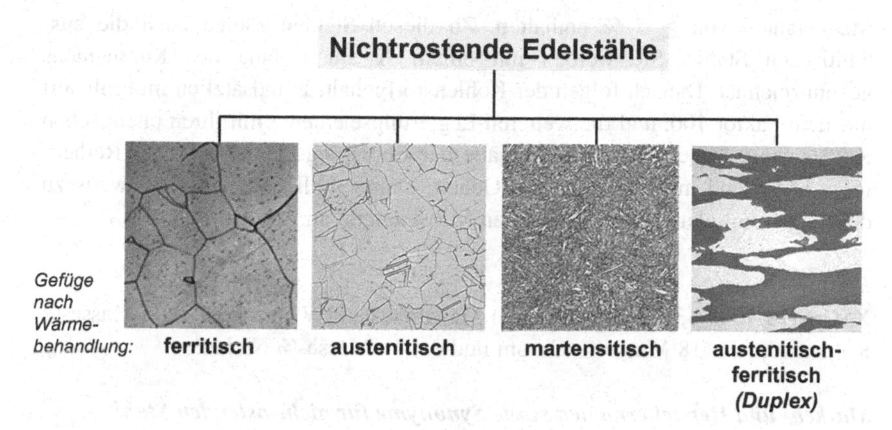

Abb. 1.2 Einordung der austenitischen Stähle nach dem Gefüge in der Gruppe der nichtrostenden Edelstähle. (Schliffbilder: BGH Edelstahl Freital GmbH)

Die austenitischen Stähle sind gemäß EN 10027-2 (Bezeichnungssystem für Stähle) zu finden im Bereich der legierten, chemisch beständigen Stähle mit folgenden Gruppennummern:

Stahlgruppen-Nr	*Stahlsorte/Legierungselemente*
1.38..	*nichtmagnetisierbarer Sonderstahl ohne Ni*
1.39..	*nichtmagnetisierbarer Sonderstahl mit Ni*
1.43..	*nichtrostende Stähle mit ≥ 2,5 Masse-% Ni, ohne Mo*
1.44..	*nichtrostende Stähle mit ≥ 2,5 Masse-% Ni, mit Mo*
1.45..	*nichtrostende Stähle mit Sonderzusätzen (z. B. Ti, Nb, Cu)*
1.48..	*hitzebeständige Stähle mit ≥ 2,5 Masse-% Ni*
1.49..	*hochwarmfeste Stähle*

Stahlkurznamen

Sie geben Hinweise zur chemischen Zusammensetzung der Stähle. Die Stahlkurznamen bestehen aus Haupt- und Zusatzsymbolen, die jeweils Buchstaben (z. B. chemische Symbole) oder Zahlen (für Gehalte der Legierungselemente) sein können. Diese Angaben unterscheiden sich bei unlegierten, legierten und hochlegierten Stählen sowie bei Schnellarbeitsstählen (Langehenke 2007). Bei hochlegierten Stählen gilt, dass sie mindestens ein Legierungselement mit einem

Massenanteil von $\geq$ 5 % enthalten. Zu diesen Stählen zählen auch die austenitischen Stähle. Sie werden mit einem **X** am Anfang des Kurznamens gekennzeichnet. Danach folgen der Kohlenstoffgehalt, grundsätzlich multipliziert mit dem Faktor 100, und die weiteren Legierungselemente mit ihren chemischen Kurzzeichen. Dabei erfolgt die Angabe der Legierungselemente in der Reihenfolge beginnend mit dem höchsten Gehalt. Daran schließen sich die jeweils zu den Legierungselementen zugehörigen Masseanteile an.

Beispiel
X5CrNi18-10 (1.4301): Der bekannte Massenaustenit V2A mit ca. 0,05 Masse-% Kohlenstoff, ca. 18 Masse-% Chrom und ca. 10 Masse-% Nickel.

Marken- und Herstellernamen sowie Synonyme für nichtrostenden Stahl
In der Stahlpraxis verwenden Hersteller und Anwender für alle gängigen korrosionsbeständigen Edelstähle, also neben den austenitischen Stählen auch für ferritische, martensitische und Duplex-Stähle, unterschiedliche Begriffe bzw. Namen:

- **Edelstahl rostfrei,** manchmal auch nur kurz: **Edelstahl**
  (Die Kurzbezeichnung ***Edelstahl*** gilt in der Fachliteratur für Stähle z. B. mit besonders hoher metallurgischer Reinheit oder festgelegten Eigenschaften, die nicht unbedingt auch korrosionsbeständig sein müssen.)

Die Marke **„Edelstahl Rostfrei"** ist beim Amt der Europäischen Union für Geistiges Eigentum in allen Mitgliedstaaten der Europäischen Union und in der Schweiz beim Eidgenössischen Institut für Geistiges Eigentum eingetragen. Inhaber ist der Warenzeichenverband Edelstahl Rostfrei e. V. Düsseldorf. Dieses Werkstoff-Siegel kennzeichnet die Qualität, die anwendungsgerechte Werkstoffauswahl und die sachgerechte Be- und Verarbeitung von nichtrostendem Stahl.

- **Nichtrostender Stahl, rostträger Stahl** oder **rostfreier Stahl**
- **Nirosta** oder **Niro** – Markenname von Outokumpu (ehemals ThyssenKrupp Nirosta), abgeleitet vom **ni**cht**ro**stenden **Sta**hl
- **VA-Stahl, V2A-Stahl** oder **V4A-Stahl** (austenitischer Stahl)
- **Inox** (vom Französischen *inoxydable – nicht oxidierbar,* also „nichtrostend" bzw. „rostfrei")
- **Chromstahl** oder **Chrom-Nickel-Stahl**
- **Cromargan®** – Handelsname von WMF

(Dieser Name setzt sich aus den Bezeichnungen „Crom“ und „Argan“ zusammen, weil dieser Stahl einen hohen Chromanteil und ein silberglänzendes Aussehen aufweist.)

- **Remanit** (Markenname von Edelstahl Witten-Krefeld GmbH, 2016 gelöscht, nunmehr Handelsname von Thyssenkrupp AG für einige rostfreie Edelstähle)

Für austenitische, korrosionsbeständige Edelstähle sind in Deutschland historisch bedingt für zwei Gruppen folgende Bezeichnungen gebräuchlich:

- **V2A:** Abgeleitet von „**V**ersuchsschmelze **2** **A**ustenit“, 1912 von *Maurer* und *Strauß* an der Chemisch-Physikalischen Versuchsanstalt der Friedrich-Krupp-Aktiengesellschaft erfunden als Legierungstyp X12CrNi18-8. Heute gilt der Nachfolger 1.4301 (X5CrNi18-10) als der Klassiker der nichtrostenden Edelstähle, auch als **„18/10“** Chrom-Nickel-Stahl bekannt. Die Abb. 1.3 zeigt hierzu diese Kennzeichnung auf einem typischen Edelstahlbesteck.

Abb. 1.3 Edelstahlbesteck aus dem austenitischen Stahl 18/10 = 1.4301 (X5CrNi18-10). (Foto: Schlegel, J.)

- **V4A:** Ähnlich V2A, jedoch zusätzlich mit 2 Masse-% Molybdän legiert, somit widerstandsfähiger gegen Korrosion in chlorhaltigen Medien wie Salzwasser, Wasser in Schwimmbädern und in der chemischen Industrie. Ein typischer V4A-Vertreter ist der 1.4401 (X5CrNiMo17-12-2).

Und betrachtet man alle Sorten von nichtrostenden austenitischen Stählen, so finden sich auch die Begriffe **V1A**, **V3A** und **V5A**, die jedoch in Deutschland weniger verbreitet genutzt werden. Diese Sortierung entstammt der EN ISO 3506-1 *(Mechanische Verbindungselemente – Mechanische Eigenschaften von Verbindungselementen aus korrosionsbeständigen nichtrostenden Stählen – Teil 1: Schrauben mit festgelegten Stahlsorten und Festigkeitsklassen).* Diese nutzen die Verbraucher in der Stahlpraxis insbesondere in Deutschland zur Orientierung bei der Werkstoffauswahl hinsichtlich Langlebigkeit und Festigkeit bei Schrauben, da zusätzlich Festigkeitsklassen angegeben werden:

Kürzel:

A1 – geringe Korrosionsbeständigkeit, höherer Schwefelgehalt, für Automatenbearbeitung geeignet (klassischer Drehstahl).
Beispiel: 1.4305 (X8CrNiS18-9).

A2 – am häufigsten verwendete Stahlsorte, breites Einsatzgebiet, ungeeignet für chlorhaltige Medien und Meerwasser.
Beispiele: V2A - 1.4301 (X5CrNi18-10), 1.4303 (X4CrNi18-12), 1.4306 (X2CrNi19-11), 1.4307 (X2CrNi18-9), 1.4310 (X10CrNi18-8), 1.4318 (X2CrNiN18-7).

A3 – gleiche Eigenschaften wie Stahlsorte A2, mit Titan (Ti), Niob (Nb) oder Tantal (Ta) stabilisiert.
Beispiel: 1.4550 (X6CrNiNb18-10).

A4 – höherwertige Variante im Vergleich zu A2, mit ≥ 2 Masse-% Molybdän legiert, bessere Korrosionsbeständigkeit, säure- und chlorbeständig.
Beispiele: 1.4401 (X5CrNiMo17-12-2), 1.4404 (X2CrNiMo17-12-2).

A5 – gleiche Eigenschaften wie Stahlsorte A4, mit Titan (Ti), Niob (Nb) oder Tantal (Ta) stabilisiert, sehr korrosions- und chlorbeständig.
Beispiele: 1.4436 (X3CrNiMo17-13-3), 1.4571 (X6CrNiMoTi17-12-2).

***Festigkeitsklassen** (Angabe als 1/10 der Mindestzugfestigkeit in MPa) nach EN ISO 3506-1:*

Sorten A1, A2, A3: 50 (weich), **70** (kaltverfestigt) und **80** (hochfest).
Sorten A4, A5: 50 (weich), **70** (kaltverfestigt), **80** und **100** (hochfest).

Abb. 1.4 Beispiel für die Kennung einer Schraube aus dem Edelstahl 1.4301 (X5CrNi18-10) mit min. 700 MPa Zugfestigkeit. (Foto: Schlegel, J.)

Beispiel:

Kennzeichnung an einer Schraube mit **A2-70** gemäß Abb. 1.4 bedeutet:

Schraube aus dem klassischen nichtrostenden austenitischen Stahl 1.4301 (X5CrNi18-10) mit einer Mindestzugfestigkeit von 700 MPa.

In der Praxis verwenden die Hersteller und auch Händler für austenitische Stähle teils eigene Bezeichnungen, geschützte Markennamen und Handelsnamen, wie z. B. für:

- **1.4301** (X5CrNi18-10): **Acidur 4301** (DEW), **Core 304/4301** (Outokumpu), **CHRONIFER® Supra 1.4301** (L. Klein SA, CH), **Ergste® 1.4301PA** (ZAPP), **Aperam 304** (Aperam)
- **1.4401** (X5CrNiMo17-12-2): **Acidur 4401** (DEW), **Supra 316/4401** (Outokumpu), **CHRONIFER® Special 01: 1.4401** (L. Klein SA, CH), **Ergste® 1.4401PC** (ZAPP), **Aperam 316** (Aperam)

- **1.3964** (X2CrNiMnMoNNb21-16-5-3): **Magnadur 3964** (DEW), **P501** (Böhler), Handelsname **Alloy 50,** Markenname **Nitronic 50**

Bezeichnungen nach internationalen Normen
Stainless Steel (vom Englischen *verfärbungsfrei, makellos*) ist die international verbreitete Bezeichnung für korrosionsbeständigen Stahl.

Im internationalen Handel kommen verschiedene Klassifizierungssysteme zur Anwendung, so auch für austenitische Stähle. Beispielsweise werden in den USA und Kanada die Stahlsorten nach dem AISI-Standard eingestuft. Der austenitische Edelstahl 1.4401 (X5CrNiMo17-12-2) entspricht hier der AISI 316. Und bei der industriellen Anwendung von Edelstählen wird auf das System UNS zurückgegriffen (Kürzel steht für **U**nified **N**umbering **S**ystem for Metals and Alloys). So können auf der Basis länderspezifischer Normen auf dem Markt äquivalente austenitische Stähle gefunden bzw. verglichen werden:

USA:	**ASTM** (ursprünglich „**A**merican **S**ociety for **T**esting and **M**aterials") sowie **AISI** (**A**merican **I**ron and **S**teel **I**nstitute)
Japan:	**JIS G4403** (**J**apan **I**ndustrial **S**tandard)
Frankreich:	**AFNOR/NF** (**A**ssociation **F**rançaise de **Nor**malisation)
Großbritannien:	**BS** (**B**ritish **S**tandards)
Italien:	**UNI** (Ente Nazionale Italiano di **Uni**ficazione)
China:	**GB** (**Guobi**ao, chinesisch: Nationaler Standard)
Schweden:	**SIS** (**S**wedish **I**nstitute of **S**tandards)
Spanien:	**UNE** (Asociación Española de Normalización)
Polen:	**PN** (von: **P**olnisches Komitee für **N**ormung)
Österreich:	**ÖNORM** (nationale **ö**sterreichische **Norm**)
Russland:	**GOST** (**Go**sudarstvenny **St**andart).
Tschechien:	**CSN** (Tschechische nationale technische Norm)

Zu beachten ist bei solch einem Abgleich, dass es sich um „äquivalente", also um „gleichwertige" austenitische Stähle handelt, die im Detail der chemischen Analyse auch etwas voneinander abweichen können. Mit anderen Worten: Eine Stahlgüte, die die Anforderungen eines Normsystems erfüllt, z. B. die der EN, erfüllt nicht zwangsläufig auch komplett die eines anderen Systems, z. B. ASTM oder JIS (IMOA/ISER-Dokumentation 2022).

In der Stahlpraxis orientieren sich die Verbraucher von austenitischen Edelstählen vor allem an den Kürzeln **A2** und **A4** sowie an den gängigen EN-Werkstoffnummern (z. B. 1.4301, 1.4401 und 1.4404).

2 Chemische Zusammensetzungen und Sorten

2.1 Legierungselemente in nichtrostenden austenitischen Stählen

Die chemischen Elemente im Stahl haben Einfluss auf das Gefüge, die mechanischen und physikalischen Eigenschaften sowie auf die Korrosionsbeständigkeit. Da in reinem Eisen die austenitische Gefügemodifikation nur oberhalb 911 °C beständig ist, muss durch Zulegieren von austenitstabilisierenden Elementen wie Nickel, Kohlenstoff, Kobalt, Mangan und Stickstoff das Austenit-Gebiet (Gamma-Eisen) so erweitert werden, dass auch bis weit unter der Raumtemperatur sowie bis zur Schmelztemperatur dieses kubisch-flächenzentrierte Gitter ohne Umwandlung stabil erhalten bleibt. In der Praxis kann man sich diese Legierungselemente, die das Austenit-(Gamma)-Gebiet zu höheren und/oder niedrigeren Temperaturen erweitern, mit einer Eselsbrücke gut einprägen (Domke 2001):

„NiCCoMnN macht Gamma an!"

Zur Sicherung der Korrosionsbeständigkeit (Bildung einer unsichtbaren Passivschicht unter Einwirkung von Sauerstoff) muss ein Mindestgehalt von 10,5 Masse-% Chrom in der metallischen Matrix (im Kristallgitter gelöst) vorliegen. In der Fachliteratur werden übrigens auch Gehalte von 12 bis 16 Masse-% Chrom angegeben. Und erhöhte Anteile an Chrom, Molybdän, Nickel und Stickstoff, verglichen mit denen von austenitischen Standardgüten, bewirken höhere Korrosionsbeständigkeiten oder/und verbesserte mechanische Eigenschaften. Davon ausgehend liegen heute die Gehalte an Legierungselementen bei korrosionsbeständigen austenitischen Stählen in folgenden Bereichen (Angaben in Masse-%):

J. Schlegel, *Nichtrostender austenitischer Stahl*, essentials,
https://doi.org/10.1007/978-3-658-42286-8_2

Kohlenstoff C:	*max. 0,15 %*
Silizium Si:	*max. 1,0 % (bis ca. 2,5 % bei Hochtemperaturanwendungen)*
Mangan Mn:	*max. 2,0 % (bei Cr-Ni-Mn-Stählen bis 20 %)*
Stickstoff N:	*max. 0,6 %*
Chrom Cr:	*16 bis 28 %*
Nickel Ni:	*6 bis 37 %*
Molybdän Mo:	*max. 8,0 %*

Die wichtigsten Legierungselemente in nichtrostenden austenitischen Stählen zeigen folgende Wirkungen (König und Klocke 2008), (IMOA/ISER-Dokumentation 2022), (Informationsstelle Edelstahl Rostfrei 2022), (Wegst und Wegst 2019):

Kohlenstoff (C)
Kohlenstoff stabilisiert und stärkt die austenitische Gitterstruktur. Gleichzeitig wirkt er sich unter bestimmten Bedingungen nachteilig auf die Korrosionsbeständigkeit aus. Deshalb werden die Kohlenstoffgehalte bei den meisten nichtrostenden Stählen auf unter 0,10 Masse-%, üblicherweise auf maximal 0,03 Masse-% beschränkt; bei höher legierten Sorten sogar auf max. 0,02 Masse-%. Dies betrifft zum Beispiel die Superaustenite 1.4529 (X1NiCrMoCuN25-20-7) und 1.4539 (X1NiCrMoCu25-20-5).

Schwefel (S)
Der Schwefelgehalt ist bei den meisten austenitischen Stählen limitiert auf max. 0,015, oft sogar auch auf max. 0,010 Masse-% bzw., wo es metallurgisch machbar ist, auf max. 0,005 Masse-%. Die Korrosionsbeständigkeit steht hierbei im Vordergrund und Schwefel verschlechtert diese. Und da Schwefel zur Bildung von Sulfiden, z. B. Mangansulfid, und dabei zu Seigerungen neigt, wird auch der Reinheitsgrad des Stahls verschlechtert. Andererseits verbessert Schwefel das Zerspanungsverhalten zum Beispiel beim Drehen und Fräsen. Die gebildeten Mangansulfide begünstigen die Schmierwirkung an der Werkzeugschneide und verursachen kurze Späne. Deshalb wird absichtlich Schwefel demjenigen Stahl zugegeben (bis ca. 0,4 Masse-%), der für die Automatenbearbeitung vorgesehen ist. Ein Beispiel hierfür ist der austenitische Standardstahl 1.4305 (X8CrNiS18-9) mit einem definierten Schwefelgehalt im Bereich von 0,15 bis 0,35 Masse-%.

Phosphor (P)
Phosphor wird als Stahlschädling betrachtet, der zu starken Seigerungen führt, die Warmumformbarkeit verschlechtert und ebenso wie Schwefel die Heißrissbildung bei der Abkühlung von Schweißnähten begünstigt. Deshalb wird der Phosphorgehalt auf das metallurgisch machbare Minimum begrenzt, wobei eine derartig tiefe Entphosphorung hochchromhaltiger Stahlschmelzen eine große metallurgische Herausforderung darstellt.

Silizium (Si)
Silizium ist wie Aluminium ein Desoxidationselement und wird dem Stahl zum Abbinden des gelösten Sauerstoffs zugesetzt. Der Anteil derartiger Oxideinschlüsse muss begrenzt bleiben, sollen keine nachteiligen Einflüsse auf die Oberflächenqualität und Polierbarkeit entstehen. Übliche Gehalte an Silizium in austenitischen Stählen liegen deshalb unter 1,00 Masse-%. Höhere Gehalte an Silizium von ca. 1,5 bis 2,5 Masse-% besitzen nichtrostende Stähle für Hochtemperaturanwendungen, z. B. die Stähle 1.4828 (X15CrNiSi20-12) und 1.4841 (X15CrNiSi25-21). Hier verbessert Silizium die Zunderbeständigkeit.

Bor (B)
Mit Bor können über Ausscheidungen die Festigkeiten austenitischer Cr-Ni-Stähle erhöht werden. Auch bei hochwarmfesten austenitischen Stählen verbessert Bor die Festigkeiten bei erhöhten Temperaturen. Ein Beispiel hierfür ist der hochwarmfeste austenitische Stahl 1.4919 (X6CrNiMoB17-12-2) mit einem geringen Borzusatz von 0,0015 bis 0,0050 Masse-%.

Zu beachten ist, dass die durch Bor entstandenen Ausscheidungen im Stahlgefüge die Korrosionsbeständigkeit vermindern.

Aluminium (Al)
Aluminium ist wegen seiner sehr starken chemischen Anziehung von Sauerstoff das stärkste und sehr häufig in der Stahlherstellung eingesetzte Desoxidationsmittel. Ähnlich wie Silizium wird deshalb Aluminium zum Abbinden des im Stahl gelösten Sauerstoffs zulegiert, üblicherweise bei austenitischen Stählen unter 0,1 Masse-%.

Chrom (Cr)
Chrom sichert die Korrosionsbeständigkeit durch die Bildung einer stabilen, passiven Schutzschicht, wenn mindestens 10,5 Masse-% zulegiert werden. Mit steigendem Chromgehalt steigt auch die Korrosionsbeständigkeit. Davon ausgehend weisen viele austenitische Edelstähle in der Regel mindestens 16 Masse-% Chrom

auf (Standardsorten ca. 18 Masse-% und Hochleistungssorten 18 bis 28 Masse-%). Auch die Wirkung der Legierungselemente Molybdän und Stickstoff im Zusammenspiel mit Chrom sind bei der Betrachtung der Korrosionsbeständigkeit austenitischer Stähle zu beachten. Da sie entsprechend ihrer Gehalte das Korrosionsverhalten unterschiedlich beeinflussen, wird hierzu als gängige Kennzahl die Wirksumme **PREN** (**P**itting **R**esistance **E**quivalent **N**umber) herangezogen (IMOA/ISER-Dokumentation 2022):

$$\mathbf{PREN = 1\,x\,\%\,Cr + 3{,}3\,x\,\%\,Mo + 16\,x\,\%\,N}$$

Hierin Gehalte an Chrom (Cr), Molybdän (Mo) und Stickstoff (N) in Masse-%.

Die Wirksumme PREN kann als Orientierung hinsichtlich einer Rangfolge der Loch- und auch Spaltkorrosionsbeständigkeit für austenitische Stähle dienen. Je höher der PREN-Wert, desto korrosionsbeständiger ist auch der austenitische Stahl. PREN-Werte oberhalb von 32 gelten für Meerwasserbeständigkeit.

Zu beachten ist, dass Chrom als Ferritstabilisator das austenitische Gamma-Gebiet so stark eingrenzen kann, dass sich der Stahl beim Erwärmen nicht mehr in Austenit umwandelt, sondern ferritisch bleibt (Domke 2001). Deshalb muss der Gehalt an austenitstabilisierendem Nickel an den Chromgehalt angepasst werden, wenn ein austenitisches Gefüge gewünscht wird. Je höher der Chromgehalt, desto mehr Nickel muss auch zulegiert werden. Dieses Austarieren der Legierungsgehalte kann in der Praxis mithilfe des **Schaeffler-Diagramms** erfolgen. Es zeigt den Zusammenhang zwischen der chemischen Zusammensetzung und der dabei zu erwartenden Phasenbildung bei der Erstarrung, wie in Abb. 2.1 dargestellt. Dazu werden als *Chrom-Äquivalent* die Wirksamkeit der ferritbildenden Legierungselemente Chrom, Molybdän, Silizium, Niob und Titan sowie als *Nickel-Äquivalent* die Wirksamkeit der austenitbildenden Legierungselemente Nickel, Kohlenstoff, Mangan und Stickstoff berechnet und im Schaeffler-Diagramm als Abszisse und Ordinate gegenübergestellt (Schaeffler 1949):

$$\mathbf{Chrom - \ddot{A}quivalent = \%\,Cr + 1{,}4\,\%\,Mo + 1{,}5\,\%\,Si + 0{,}5\,\%\,Nb + 2\,\%\,Ti}$$

$$\mathbf{Nickel - \ddot{A}quivalent = \%\,Ni + 30\,\%\,C + 0{,}5\,\%\,Mn + 30\,\%\,N}$$

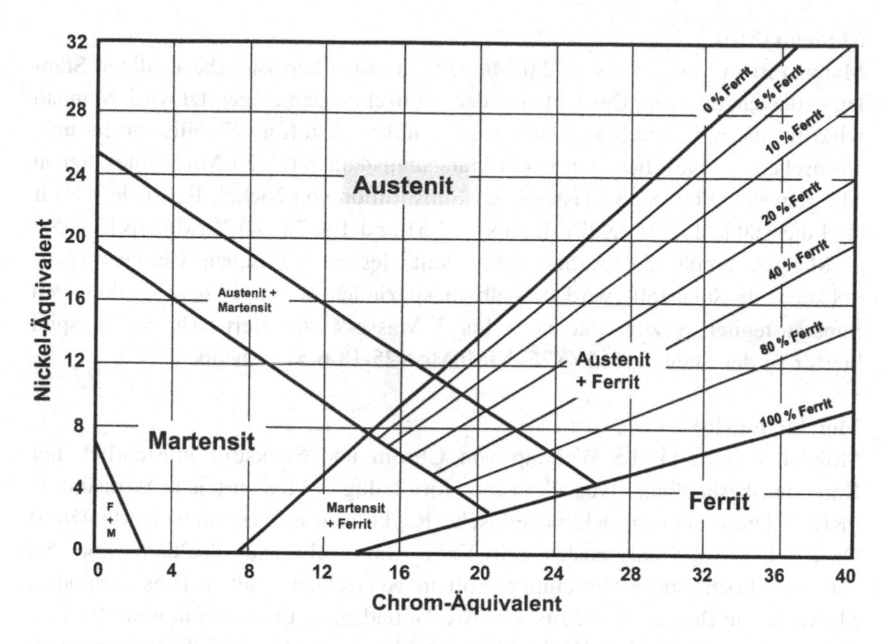

Abb. 2.1 Das Schaeffler-Diagramm: Einfluss der Legierungszusammensetzung auf das Phasengleichgewicht Austenit und Ferrit im Mikrogefüge

Ein höherer Chromgehalt führt auch zu einer erhöhten Hitze- und Zunderbeständigkeit austenitischer, korrosionsbeständiger Stähle. Ein klassisches Beispiel hierfür ist der hitzebeständige Stahl 1.4845 (X8CrNi25-21) mit ca. 25 Masse-% Chrom, geeignet für Temperaturen bis 1050 °C in oxidierender Umgebung.

Nickel (Ni)

Nickel ist ein starker Austenitbildner, fördert also die Bildung und Stabilisierung des kubisch-flächenzentrierten Kristallgitters. Dies ist die Hauptfunktion des Legierungselementes Nickel in austenitischen Stählen (IMOA/ISER-Dokumentation 2022). Üblich sind Nickelgehalte von 6 bis 26 Masse-%. Das durch Nickel stabilisierte austenitische Gitter ist die Ursache für eine hohe Zähigkeit, somit gute Umformbarkeit.

Zur Verbesserung der Korrosionsbeständigkeit, insbesondere gegenüber Lochkorrosion in chloridhaltigen, wässrigen Medien, zeigt Nickel kaum Wirkung, wird deshalb auch nicht bei der Berechnung der genannten Wirksumme PREN berücksichtigt.

Mangan (Mn)

Mangan ist in Mengen bis zu 2,0 Masse-% in allen korrosionsbeständigen Stählen enthalten, da es zur Desoxidation der Stahlschmelzen eingesetzt wird. Mangan wirkt in austenitischen Stählen wie Nickel und Stickstoff als Stabilisator des austenitischen Gefüges. In sogenannten Manganausteniten (Cr-Ni-Mn-Stähle) dienen Mangangehalte bis ca. 8 Masse-% zur Substitution von Nickel. Beispiele hierfür sind die Stähle 1.4371 (X2CrMnNiN17-7-5) und 1.4372 (X12CrMnNiN17-7-5).

Mangan erhöht die Aufnahmefähigkeit des austenitischen Gefüges (Löslichkeit) für Stickstoff, wird deshalb in speziellen austenitischen Stählen, den Superausteniten, gezielt mit ca. 5 bis 7 Masse-% zulegiert. Als ein Beispiel hierfür ist der Stahl 1.4565 (X2CrNiMnMoN25-18-6-5) zu nennen.

Molybdän (Mo)

Molybdän verstärkt die Wirkung von Chrom und Stickstoff hinsichtlich der Korrosionsbeständigkeit vor allem in chloridhaltigen Medien (siehe Wirksumme PREN). Diese können elektrochemische Reaktionen an zerstörten (zerkratzten) Oberflächen des Stahls auslösen in Form von Loch- oder Spaltkorrosion. So entstehen Löcher oder Vertiefungen, oft in versteckten Spalten. Dies verhindert Molybdän im Bereich von 2 bis 8 Masse-% und sichert die extrem hohe Beständigkeit der austenitischen Hochleistungsstähle unter solchen Bedingungen, auch unter reduzierenden, wie z. B. in Salzsäure und verdünnter Schwefelsäure.

Und Molybdän verbessert auch die Beständigkeit gegenüber Spannungsrisskorrosion und erhöht die Warmfestigkeit. Beispiele für molybdänlegierte Cr-Ni-Stähle sind 1.4404 (X2CrNiMo17-12-2), 1.4571 (X6CrNiMoTi17-12-2), 1.4529 (X1NiCrMoCu32-28-7) sowie 1.4562 (X1NiCrMoCu32-28-7).

Zu beachten ist, dass Molybdän wie Chrom ein Ferritbildner ist und das Phasengleichgewicht hinsichtlich des Austenits beeinflusst (siehe Chrom-Äquivalent). Außerdem trägt Molybdän zur Bildung unerwünschter intermetallischer Phasen bei (auch „intermetallische Verbindungen" oder „Sekundärphasen" genannt: sehr harte chemische Verbindungen aus zwei oder mehreren Metallen in Form einer Zwischenstellung zwischen metallischen Legierungen und Keramiken). Diese können die Oxidationsbeständigkeit und Zähigkeit der molybdänhaltigen Stähle beeinträchtigen und müssen bei der Anwendung berücksichtigt werden.

Titan (Ti) und Niob (Nb)

Titan und Niob wirken als starke Karbidbildner, werden somit als Stabilisierungselemente zulegiert, da sie den Kohlenstoff in der Schmelze binden. So wird die Neigung des Stahls zu korngrenzennahen Chromkarbidausscheidungen unterdrückt („stabilisierte" Stähle) und eine höhere Beständigkeit gegenüber interkristalliner Korrosion erreicht (Korngrenzenkorrosion durch Chromverarmung wegen des Ausscheidens von Chromkarbiden an den Korngrenzen).

Die Ausbildung von Titankarbiden im Gefüge bewirkt eine Härtesteigerung (Mischkristallverfestigung). Dabei wird jedoch die Kerbschlagzähigkeit, Duktilität und Zerspanbarkeit reduziert.

Sogenannte titanstabilisierte Cr-Ni-Stähle, wie z. B. der 1.4878 (X8CrNiTi18-10), besitzen eine höhere Warmdehngrenze und Warmzugfestigkeit bei Anwendungstemperaturen von über 300 °C im Vergleich zu nicht stabilisierten Stählen, wie z. B. der 1.4307 (X2CrNi18-9).

Im Vergleich zu Titan besitzt Niob eine noch stärkere kohlenstoffbindende Wirkung und erhöht so die Beständigkeit gegen interkristalline Korrosion. Beispielsweise besitzt der mit Niob stabilisierte 1.4550 (X6CrNiNb18-10) eine sehr hohe Korrosionsbeständigkeit, und diese auch im geschweißten Zustand.

Kupfer (Cu)

Normalerweise liegen die Kupfergehalte in den austenitischen Standardstählen im Bereich von Spurenelementen unter 0,5 Masse-%. In einigen austenitischen Hochleistungsstählen wird Kupfer zulegiert, da es deren Korrosionsbeständigkeit in reduzierenden Säuren (z. B. Mischungen von Schwefel- und Phosphorsäuren) erhöht. Außerdem vermindert Kupfer die Neigung des austenitischen Stahls zur Spannungsrisskorrosion. Als Beispiele hierfür sind die Superaustenite 1.4529 (X1NiCrMoCuN25-20-7) mit einem Kupfergehalt von 0,5 bis 1,5 Masse-% sowie 1.4539 (X1NiCrMoCu25-20-5) mit einem Kupfergehalt vom 1,2 bis 2,0 Masse-% zu nennen. Neben dem Ziel der Erhöhung der Korrosionsbeständigkeit wird Kupfer auch zur Verbesserung des Kaltstauchverhaltens zulegiert, wie z. B. beim Cr-Ni-Stahl 1.4567 (X3CrNiCu18-9-4) mit bis zu 4,0 Masse-%.

Cer (Ce)

Cer verbessert die Haftung der Zunderschicht, ein Vorteil insbesondere bei hitzebeständigen austenitischen Stählen. Hier wird Cer bis max. 0,08 Masse-% zulegiert, wie z. B. beim 1.4835 (X9CrNiSiNCe21-11-2).

Stickstoff (N)

Stickstoff als ein recht kostengünstiges Legierungselement ist ein starker Austenitbildner und kann in dieser Wirkung zu einem Teil auch Nickel ersetzen (siehe Nickel-Äquivalent). In kohlenstoffarmen Sorten wird Stickstoff bis max. 0,1 Masse-% zulegiert, um den Festigkeitsverlust bei niedrigen Kohlenstoffgehalten auszugleichen (IMOA/ISER-Dokumentation 2022). Stickstoff verzögert die Bildung von Sekundärphasen und erhöht wie Chrom und Molybdän die Loch- und Spaltkorrosionsbeständigkeit. Deshalb weisen höchstlegierte austenitische Stähle bis max. 0,5 Masse-% Stickstoff auf, wobei Mangan diese Löslichkeit im austenitischen Stahl ermöglicht.

2.2 Sorten

Die austenitischen Stähle mit ihren unterschiedlichen chemischen Zusammensetzungen, die sich an die jeweiligen Anwendungen orientieren, weisen auch unterschiedliche Kombinationen von Korrosionsbeständigkeit, Umformbarkeit, Zähigkeit und speziellen physikalischen Eigenschaften auf. Diese zu unterscheiden und zu sortieren, kann wiederum auch unterschiedlich erfolgen. Zunächst kann man die chemische Zusammensetzung der nichtrostenden austenitischen Stähle heranziehen und eine Sortierung nach Standard- und Vollausteniten, hitzebeständigen und hochwarmfesten Austeniten sowie nichtmagnetisierbaren Austeniten vornehmen:

- **Standardaustenite (Massenaustenite)**
  Beispiele: 1.4301 (X5CrNi18-10), 1.4305 (X8CrNiS18-9), 1.4306 (X2CrNi19-11), 1.4307 (X2CrNi18-9), 1.4401 (X5CrNiMo17-12-2), 1.4404 (X2CrNiMo17-12-2)
- **Vollaustenite (Sonderaustenite)**
  Beispiele: 1.4435 (X2CrNiMo18-14-3), 1.4441 (X2CrNiMo18-15-2), 1.4529 (X1NiCrMoCuN25-20-7), 1.4539 (X1NiCrMoCu25-20-5)
- **Hitzebeständige Austenite**
  Beispiele: 1.4828 (15CrNiSi20-12), 1.4829 (X12CrNi22-12), 1.4830 (X35CrNiNb25-24), 1.4833 (X12CrNi23-13), 1.4835 (X9CrNiSiNCe21-11-2), 1.4841 (X15CrNiSi25-21), 1.4842 (X12CrNi25-20), 1.4845 (X8CrNi25-21) bis 1.4850 (X15NiCrNb32-21), 1.4860 (X16NiCr30-20), 1.4864 (X12NiCrSi35-16), 1.4873 (X45CrNiW18-9), 1.4875 (X55CrMnNiN20-8) bis 1.4878 (X8CrNiTi18-10), 1.4892 (X25CrMnNiN23-9-6)
- **Hochwarmfeste Austenite**
  Beispiele: 1.4941 (X8CrNiTi18-10), 1.4948 (X7CrNi18-9), 1.4949 (X3CrNiN18-11), 1.4958 (X5NiCrAlTi31-20) bis 1.4962 (X12CrNiWTiB16-13), 1.4980 (X6NiCrTiMoVB25-15-2), 1.4986 (X8CrNiMoBNb16-16 bzw. X7CrNiMoBNb16-16), 1.4988 (X8CrNiMoVNb16-13)
- **Nichtmagnetisierbare Austenite**
  Beispiele: 1.3816 (X8CrMnN18-18), 1.3952 (X2CrNiMoN18-4), 1.3964 (X2CrNiMnMoNNb21-16-5-3)

Eine ähnliche Unterscheidung der nichtrostenden austenitischen Stähle erfolgt nach den Hauptlegierungselementen (IMOA/ISER-Dokumentation 2022):

- **Cr-Ni-Stähle**
  Diese betreffen die klassischen Standardgüten für allgemeine Anwendungen, sind mit Chrom und Nickel legiert, in Ausnahmen auch mit Molybdän. Einige dieser Stähle werden zur Verbesserung der Festigkeit und Zerspanbarkeit mit Stickstoff und Schwefel legiert. Auch kann eine Stabilisierung mit Titan und Niob vorgenommen werden.
- **Cr-Ni-Mn-Stähle**
  Diesen Stählen wird bei geringeren Nickelgehalten die austenitische Gefügestruktur erhalten, indem ein Teil des Nickels durch Mangan und Stickstoff ersetzt wird. Die vergleichbaren Stähle finden sich gemäß ASTM/AISI in deren 200er Reihe.
  Beispiel: 1.4372 (X2CrMnNiN17-7-5)
- **Cr-Ni-Mo-Stähle**
  Es sind die sogenannten „Allzweckgüten" von austenitischen Stählen mit ca. 2 bis 3 Masse-% Molybdän. Sie weisen bei einem üblichen Chromgehalt von ca. 17 Masse-% und einem Nickelgehalt bei 10 bis 13 Masse-% eine erhöhte Korrosionsbeständigkeit auf. Deshalb findet man für sie auch die Bezeichnung „säurebeständige Edelstähle".
  Beispiele: 1.4401 (X5CrNiMo17-12-2), 1.4435 (X2CrNiMo18-14-3)
- **Austenitische Hochleistungsstähle**
  Diese austenitischen Stähle weisen einen noch höheren Legierungsgehalt auf, um in sehr anspruchsvollen Medien hochkorrosionsbeständig zu sein und anwendungsorientiert auch angepasste Festigkeiten zu haben. Deshalb können der Chromgehalt 17 bis 28 Masse-%, der Nickelgehalt 14 bis 38 Masse-% und der Molybdängehalt zwischen 2 und 8 Masse-% betragen. Auch sind einige dieser Stähle zur weiteren Erhöhung der Korrosionsbeständigkeit und Festigkeit mit bis zu 0,6 Masse-% Stickstoff legiert; und einige auch mit bis zu 4 Masse-% Kupfer zur Erzielung einer Beständigkeit gegen bestimmte Säuren.
  Beispiel: 1.4529 (X1NiCrMoCuN25-20-7)
- **Austenitische hitzebeständige Stähle**
  In der Praxis sind diese Hochtemperaturstähle auch den Hochleistungsstählen zuzuordnen. Sie werden aber oft getrennt betrachtet, um auf ihre speziellen Anwendungsmöglichkeiten bei Temperaturen oberhalb 550 °C hinzuweisen. Diese auch „Hochtemperatur-Edelstähle" genannten Stähle sind hinsichtlich ihrer Oxidations- und Korrosionsbeständigkeit sowie Hochtemperaturfestigkeit legierungstechnisch optimiert: hohe Chromgehalte (17 bis 25 Masse-%) und

Nickelgehalte von 8 bis 20 Masse-%, wobei kein Molybdän zulegiert wird, jedoch Silizium, um die Oxidationsbeständigkeit zu verbessern.

Beispiele: 1.4828 (X15CrNiSi20-12), 1.4833 (X12CrNi23-13), 1.4841 (X15CrNiSi25-21), 1.4845 (X8CrNi25-21)

Weiterhin sind in dieser Gruppe auch die austenitischen Ventilstähle zu finden, wie z. B. 1.4871 (X35CrMnNiN21-9) und 1.4873 (X45CrNiW18-9).

- **Austenitische hochwarmfeste Stähle**

  Viele moderne Fertigungsanlagen benötigen Stähle, die erhöhten und auch schwankenden Temperaturbereichen weit über 600 °C und gleichzeitig korrosiven Beanspruchungen standhalten. Derartige austenitische hochwarmfeste Stähle aus der Gruppennummer **1.49XX.** sind z. B. 1.4919 (X6CrNiMoB17-12-2), 1.4941 (X6CrNiTiB18-10) und 1.4980 (X6NiCrTiMoVB25-15-2)
- **Austenitische nichtmagnetisierbare Stähle**

  Diese Stähle mit hohen Mangan- und Molybdängehalten zeichnen sich durch das Fehlen jeglicher Magnetisierbarkeit, durch hohe Festigkeit und gute Korrosionsbeständigkeit insbesondere gegen Seewasser aus.

  Beispiel: 1.3964 (X2CrNiMnMoNNb21-16-5-3)

Ausgewählte höchstlegierte und hochkorrosionsbeständige austenitische Stähle werden von einigen Herstellern auch als **Superaustenite** oder **Ultraaustenite** bezeichnet.

Beispiele: 1.4529 (X1NiCrMoCuN25-20-7), 1.4539 (X1NiCrMoCu25-20-5)

International gemäß ASTM/AISI-System werden folgende Sorten unterschieden:

- **AISI 200:** Austenitische Chrom-Nickel-Mangan-Legierungen

  Beispiele: AISI 201 – 1.4372 (X12CrMnNiN17-7-5), AISI 202 – 1.4373 (X12CrMnNiN18-9-5)
- **AISI 300:** Austenitische Chrom-Nickel-Legierungen

  Beispiele: AISI 304 – 1.4301 (X5CrNi18-10), AISI 304L – 1.4307 (X2CrNi18-9), AISI 321 – 1.4541 (X6CrNiTi18-10), AISI 316 – 1.4401 (X5CrNiMo17-12-2)

Die 200er Stähle enthalten weniger Nickel, jedoch mehr Mangan sowie Stickstoff und dadurch eine höhere Ausgangsfestigkeit und bessere Kaltverfestigung. Der geringere Nickelgehalt ist auch der Grund dafür, dass die 200er Stähle oft als kostengünstigere Variante gesehen werden im Vergleich zu den 300er Stählen. Bei den 300er Stählen erzielen die hohen Nickelgehalte von üblicherweise 8 bis

11 Masse-% das austenitische Gefüge. Und ca. 16 bis 20 Masse-% Chrom sowie bestimmte Gehalte an Molybdän sichern die Korrosionsbeständigkeit.

Neben den Standardsorten der 200er und 300er Stähle sind die schon erwähnten sogenannten **austenitischen Hochleistungsstähle** (incl. der Hochtemperaturstähle und der hochwarmfesten Stähle) zu nennen: wesentlich höher legiert mit entsprechend höheren Korrosionsbeständigkeiten.

Die Abb. 2.2 zeigt in einer Übersicht die chemischen Zusammensetzungen mit Angaben der zugehörigen Wirksummen PREN für gebräuchliche nichtrostende austenitische Stähle, geordnet nach Legierungstypen und aufsteigenden Werkstoffnummern. Weitere Informationen zu den austenitischen Stählen enthalten die Datenblätter im Kap. 6: *Werkstoffdaten*.

W.-Nr. *	DIN	Richtanalyse** (in Masse-%)									
		C	Si	Mn	N	Cr	Ni	Mo	Cu	Sonstige	PREN***
Austenitische Cr-Ni-Stähle											
1.4301 *	X5CrNi18-10	≤ 0,07	≤ 1,00	≤ 2,00	≤ 0,10	17,5-19,5	8,0-10,5	-	-	-	17,5 - 21.1
1.4303 *	X4CrNi18-12	≤ 0,06	≤ 1,00	≤ 2,00	≤ 0,10	17,0-19,0	11,0-13,0	-	-	-	17,0 - 20,6
1.4305 *	X8CrNiS18-9	≤ 0,10	≤ 1,00	≤ 2,00	≤ 0,10	17,0-19,0	8,0-10,0	-	≤ 1,00	-	17,0 - 20,6
1.4306 *	X2CrNi19-11	≤ 0,03	≤ 1,00	≤ 2,00	≤ 0,10	18,0-20,0	10,0-12,0	-	-	-	18,0 - 21,6
1.4307 *	X2CrNi18-9	≤ 0,03	≤ 1,00	≤ 2,00	≤ 0,10	17,5-19,5	8,0-10,5	-	-	-	17,5 - 21,1
1.4310 *	X10CrNi18-8	0,05-0,15	≤ 2,00	≤ 2,00	≤ 0,10	16,0-19,0	6,0-9,5	≤ 0,80	-	-	16,0 - 23,3
1.4316	X2CrNi19-9	≤ 0,02	≤ 1,40	≤ 1,90	-	18,2-20,8	9,2-10,8	-	-	-	18,2 - 20,8
1.4319 *	X5CrNi17-7	≤ 0,07	≤ 1,00	≤ 2,00	≤ 0,11	16,0-18,0	6,0-8,0	-	-	-	16,0 - 19,7
1.4335	X1CrNi25-21	≤ 0,02	≤ 0,25	≤ 2,00	≤ 0,10	24,0-26,0	20,0-22,0	≤ 0,20	-	-	24,0 - 28,2
Austenitische Cr-Ni-Stähle, N-legiert											
1.4311 *	X2CrNiN18-10	≤ 0,03	≤ 1,00	≤ 2,00	0,12-0,22	17,5-19,5	8,5-11,5	-	-	-	17,5 - 19,5
1.4315 *	X5CrNiN19-9	≤ 0,06	≤ 1,00	≤ 2,00	0,12-0,22	18,0-20,0	8,9-11,0	-	-	-	19,9 - 23,5
1.4318	X2CrNiN18-7	≤ 0,03	≤ 1,00	≤ 2,00	0,10-0,20	16,5-18,5	6,0-8,0	-	-	-	16,5 - 18,5
Austenitischer Cr-Ni-Sonderstahl, Si-legiert											
1.4361 *	X1CrNiSi18-15-4	≤ 0,15	3,70-4,50	≤ 2,00	≤ 0,11	16,5-18,5	14,0-16,0	≤ 0,20	-	-	16,5 - 19,1
Austenitische Cr-Ni-Stähle, Ti oder Nb stabilisiert											
1.4541 *	X6CrNiTi18-10	≤ 0,08	≤ 1,00	≤ 2,00	-	17,0-19,0	9,0-12,0	-	-	Ti (5xC) ≤ 0,70	17,0 - 19,0
1.4550 *	X6CrNiNb18-10	≤ 0,08	≤ 1,00	≤ 2,00	-	17,0-19,0	9,0-12,0	-	-	Nb (10xC) ≤ 1,00	17,0 - 19,0
Austenitischer Cr-Ni-Stahl, Cu legiert											
1.4567 *	X3CrNiCu18-9-4	≤ 0,04	≤ 1,00	≤ 2,00	≤ 0,10	17,0-19,0	8,5-10,5	-	3,0-4,0	-	17,0 - 20,5
Austenitische Cr-Ni-Mo-Stähle											
1.4401 *	X5CrNiMo17-12-2	≤ 0,07	≤ 1,00	≤ 2,00	≤ 0,10	16,5-18,5	10,0-13,0	2,0-2,5	-	-	23,1 - 26,8
1.4404 *	X2CrNiMo17-12-2	≤ 0,03	≤ 1,00	≤ 2,00	≤ 0,10	16,5-18,5	10,0-13,0	2,0-2,5	-	-	23,1 - 26,8
1.4406 *	X2CrNiMoN17-11-2	≤ 0,03	≤ 1,00	≤ 2,00	0,12-0,22	16,5-18,5	10,0-12,5	2,0-2,5	-	-	25,0 - 30,2
1.4427	X12CrNiMoS18-11	≤ 0,12	≤ 1,00	≤ 2,00	-	16,5-18,5	10,5-13,5	2,0-2,5	-	S 0,15 - 0,35	23,1 - 26,8
1.4429 *	X2CrNiMoN17-12-3	≤ 0,03	≤ 1,00	≤ 2,00	0,12-0,22	16,5-18,5	11,0-14,0	2,5-3,0	-	-	26,6 - 31,9
1.4432 *	X2CrNiMo17-12-3	≤ 0,03	≤ 1,00	≤ 2,00	≤ 0,11	16,5-18,5	10,5-13,0	2,5-3,0	-	-	24,7 - 30,0
1.4434	X2CrNiMoN18-12-4	≤ 0,03	≤ 1,00	≤ 2,00	0,10-0,20	16,5-19,5	10,5-14,0	3,0-4,0	-	-	28,0 - 35,9
1.4435 *	X2CrNiMo18-14-3	≤ 0,03	≤ 1,00	≤ 2,00	≤ 0,10	17,0-19,0	12,5-15,0	2,5-3,0	-	-	25,3 - 30,5
1.4436	X3CrNiMo17-13-3	≤ 0,05	≤ 1,00	≤ 2,00	≤ 0,10	16,5-18,5	10,5-13,0	2,5-3,0	-	-	24,8 - 30,0
1.4438 *	X2CrNiMo18-15-4	≤ 0,03	≤ 1,00	≤ 2,00	≤ 0,10	17,5-19,5	13,0-16,0	3,0-4,0	-	-	27,4 - 34,3
1.4439 *	X2CrNiMoN17-13-5	≤ 0,03	≤ 1,00	≤ 2,00	0,12-0,22	16,5-18,5	12,5-14,5	4,0-5,0	-	-	31,6 - 38,5
1.4459	X8CrNiMo23-13	≤ 0,11	≤ 1,40	≤ 2,40	-	22,2-24,7	11,2-14,8	2,1-2,9	-	-	29,1 - 34,3
1.4465	X1CrNiMoN25-25-2	≤ 0,02	≤ 0,70	≤ 2,00	0,08-0,16	24,0-25,0	22,0-25,0	2,0-2,5	-	-	32,2 - 37,1

Abb. 2.2 Chemische Zusammensetzungen (in Masse-%) und Wirksummen PREN für austenitische Stähle

W.-Nr. *	DIN	Richtanalyse** (in Masse-%)									
		C	Si	Mn	N	Cr	Ni	Mo	Cu	Sonstige	PREN***
						Austenitische Cr-Ni-Mo-Stähle					
1.4466	X1CrNiMoN25-22-2	≤ 0,02	≤ 0,70	≤ 2,00	0,08-0,16	24,0-26,0	22,0-25,0	2,0-2,5	-	-	31,9 - 36,8
1.4571 *	X6CrNiMoTi17-12-2	≤ 0,08	≤ 1,00	≤ 2,00	-	16,5-18,5	10,5-13,5	2,0-2,5	-	Ti (5xC) ≤ 0,70	23,1 - 26,8
1.4578	X3CrNiCuMo17-11-3-2	≤ 0,04	≤ 1,00	≤ 2,00	≤ 0,10	16,5-17,5	10,0-11,0	2,0-2,5	3,0-3,5	-	23,1 - 27,3
1.4580	X6CrNiMoNb17-12-2	≤ 0,08	≤ 1,00	≤ 2,00	-	16,5-18,5	10,5-13,5	2,0-2,5	-	Nb (10xC) ≤ 1,00	23,1 - 26,7
1.4598	X2CrNiMoCuS17-10-2	≤ 0,07	≤ 1,00	≤ 2,00	≤ 0,11	16,5-18,5	10,0-13,0	2,0-2,5	1,3-1,8	S 0,10 - 0,25	23,1 - 28,5
						Austenitische Cr-Ni-Mn-Legierungen					
1.4369 *	X11CrNiMnN19-8-6	0,07-0,15	0,50-1,00	5,0-7,5	0,20-0,30	17,5-19,5	6,5-8,5	-	-	-	20,7 - 24,3
1.4371 *	X2CrMnNiN17-7-5	≤ 0,03	≤ 1,00	5,5-7,5	0,15-0,20	16,0-18,0	3,5-5,5	-	-	-	18,4 - 21,2
1.4372 *	X12CrMnNiN17-7-5	≤ 0,15	≤ 1,00	5,5-7,5	0,05-0,25	16,0-18,0	3,5-5,5	-	-	-	16,8 - 22,0
1.4373 *	X12CrMnNiN18-9-5	≤ 0,15	≤ 1,00	7,5-10,5	0,05-0,25	17,0-19,0	4,0-6,0	-	-	-	17,8 - 23,0
						Implantatstähle					
1.4441 *	X2CrNiMo18-15-3	≤ 0,03	≤ 0,75	≤ 2,00	≤ 0,10	17,0-19,0	13,0-15,0	2,25-3,0	≤ 0,50	-	24,5 - 30,5
1.4472	X4CrNiMnMo21-9-4	≤ 0,08	≤ 0,75	2,00-4,25	0,25-0,50	19,0-22,0	8,0-11,0	2,0-3,0	-	Nb 0,25 - 0,80	29,6 - 39,9
						Superaustenite (Sonderaustenite)					
1.4529 *	X1NiCrMoCuN25-20-7	≤ 0,02	≤ 0,05	≤ 1,00	0,15-0,25	19,0-21,0	24,0-26,0	6,0-7,0	0,5-1,5	-	41,2 - 48,1
1.4537	X1CrNiMoCuN25-25-5	≤ 0,02	≤ 0,07	≤ 2,00	0,17-0,25	24,0-26,0	24,0-27,0	4,7-5,7	1,0-2,0	-	42,2 - 48,8
1.4539 *	X1NiCrMoCu25-20-5	≤ 0,02	≤ 0,07	≤ 2,00	≤ 0,15	19,0-21,0	24,0-26,0	4,0-5,0	1,2-2,0	-	32,2 - 39,9
1.4547 *	X1CrNiMoCuN20-18-7	≤ 0,02	≤ 0,07	≤ 1,00	0,18-0,25	19,5-20,5	17,5-18,5	6,0-7,0	0,5-1,0	-	42,2 - 47,6
1.4562 *	X1NiCrMoCu32-28-7	≤ 0,015	≤ 0,30	≤ 2,00	0,15-0,25	26,0-28,0	30,0-32,0	6,0-7,0	1,0-1,4	-	48,2 - 55,1
1.4563 *	X1NiCrMoCu31-27-4	≤ 0,02	≤ 0,07	≤ 2,00	≤ 0,10	26,0-28,0	30,0-32,0	3,0-4,0	0,7-1,5	-	33,9 - 42,8
1.4565 *	X2CrNiMnMoN25-18-6-5	≤ 0,03	≤ 1,00	5,0-7,0	0,30-0,60	24,0-26,0	16,0-19,0	4,0-5,0	-	Nb ≤ 0,15	42,0 - 52,1
1.4568	X7CrNiAl17-7	≤ 0,09	≤ 0,07	≤ 1,00	-	16,0-18,0	6,5-7,8	-	-	Al 0,70 - 1,50	16,0 - 18,0
1.4574	X7CrNiMoAl15-7	≤ 0,09	≤ 1,00	≤ 1,00	-	14,0-16,0	6,50-7,75	2,0-3,0	-	Al 0,75 - 1,50	20,6 - 25,9
1.4652 *	X1CrNiMoCuN24-22-8	≤ 0,02	≤ 0,50	2,0-4,0	0,45-0,55	23,0-25,0	21,0-23,0	7,0-8,0	0,3-0,6	-	53,3 - 60,2
1.4659	X1CrNiMoCuNW24-22-6	≤ 0,03	≤ 0,70	2,0-4,0	0,35-0,60	23,0-25,0	21,0-23,0	5,5-6,5	1,0-2,0	W 1,5 - 2,5	46,8 - 56,0

* **Stahlgüte mit Datenblatt** (siehe Pkt. 6: *Werkstoffdaten*)
** ***Hinweis:*** Die chemischen Zusammensetzungen nach EN und ASTM können etwas voneinander abweichen.
*** **Wirksumme nach Formel: PREN = 1 x % Cr + 3,3 x % Mo + 16 x % N** (für min. und max. Legierungsgehalte)

Abb. 2.2 (Fortsetzung)

W.-Nr. *	DIN	Richtanalyse** (in Masse-%)									
		C	Si	Mn	N	Cr	Ni	Mo	Cu	Sonstige	PREN***
Austenitische hitzebeständige Stähle											
1.4818	X6CrNiSiNCe19-10	0,04-0,08	1,0-2,0	≤ 1,00	0,12-0,20	17,5-19,5	8,5-10,5	-	-	Ce 0,03 - 0,08	19,5 - 22,7
1.4828 *	X15CrNiSi20-12	≤ 0,02	1,5-2,5	≤ 2,00	≤ 0,10	19,0-21,0	11,0-13,0	-	-	-	19,0 - 22,5
1.4829	X12CrNi22-12	≤ 0,14	0,09-1,90	≤ 1,90	-	20,8-23,2	10,2-12,8	-	-	-	20,8 - 23,2
1.4833	X1CrNi23-13	≤ 0,15	≤ 1,00	≤ 2,00	≤ 0,10	22,0-24,0	12,0-14,0	-	-	-	22,0 - 25,5
1.4835	X9CrNiSiNCe21-11-2	0,05-0,12	1,4-2,5	≤ 1,00	0,12-0,20	20,0-22,0	10,0-12,0	-	-	Ce 0,03 - 0,08	21,9 - 25,2
1.4841 *	X15CrNiSi25-21	≤ 0,02	1,5-2,5	≤ 1,00	≤ 0,10	24,0-26,0	19,0-22,0	-	-	-	24,0 - 27,5
1.4845 *	X8CrNi25-21	≤ 0,01	≤ 0,15	≤ 2,00	≤ 0,10	24,0-26,0	19,0-22,0	-	-	-	24,0 - 27,5
1.4854 *	X6NiCrSiNCe35-25	≤ 0,07	1,2-2,0	≤ 2,00	0,12-0,20	24,0-26,0	34,0.36,0	-	-	Ce 0,03 - 0,08	25,9 - 29,2
1.4864 *	X12NiCrSi35-16	≤ 0,15	1,0-2,0	≤ 2,00	≤ 0,10	15,0-17,0	33,0-37,0	-	-	-	15,0 - 18,5
1.4871	X53CrMnNiN21-9	0,48-0,58	≤ 0,25	8,0-10,0	0,35-0,50	20,0-22,0	3,25-4,50	-	-	-	25,6 - 30,0
1.4872	X25CrMnNiN25-9-7	0,20-0,30	≤ 1,00	8,0-10,0	0,20-0,40	24,0-26,0	6,0-8,0	-	-	-	27,2 - 32,4
1.4873	X45CrNiW18-9	0,40-0,50	2,0-3,0	0,8-1,5	-	17,0-19,0	8,0-10,0	-	-	W 0,8 - 1,2	17,0 - 19,0
1.4875	X55CrMnNiN20-8	0,50-0,60	≤ 0,25	7,0-10,0	0,20-0,40	19,5-21,5	1,5-2,75	-	-	-	22,7 - 27,9
1.4876 *	X10CrNiAlTi32-21	≤ 0,12	≤ 1,00	≤ 2,00	-	19,0-23,0	30,0-34,0	-	-	Al 0,15 - 0,60 Ti 0,15 - 0,60	19,0 - 23,0
1.4877	X6NiCrNbCe32-27	0,04-0,08	≤ 0,30	≤ 1,00	≤ 0,11	26,0-28,0	31,0-33,0	-	-	Nb 0,6 - 1,0 Ce 0,05 - 0,10	26,0 - 29,8
1.4878 *	X8CrNiTi18-10	≤ 0,10	≤ 1,00	≤ 2,00	-	17,0-19,0	9,0-12,0	-	-	Ti ≥ 5xC ≤ 0,80	17,0 - 19,0
1.4882	X50CrMnNiNb21-9	0,45-0,55	≤ 0,45	8,0-10,0	0,40-0,60	20,0-22,0	3,5-5,5	-	-	W 0,8 - 1,5 1,8 <Nb+Ta< 2,5	26,4 - 31,6
1.4886 *	X12NiCrSi35-16	≤ 0,08	1,0-2,0	≤ 2,00	-	17,0-20,0	33,0-37,0	-	≤ 1,00	-	17,0 - 20,0
1.4887	X10NiCrSiNb35-22	≤ 0,15	1,0-2,0	≤ 2,00	≤ 0,11	20,0-23,0	33,0-37,0	-	-	Nb 1,00 - 1,50	20,0 - 24,7
Austenitische hochwarmfeste Stähle											
1.4910	X3CrNiMoBN17-13-3	≤ 0,04	≤ 0,75	≤ 2,00	0,10-0,18	16,0-18,0	12,0-14,0	2,0-3,0	-	B 0,0015 - 0,0050	24,2 - 30,8
1.4919	X6CrNiMoB17-12-2	0,04-0,08	≤ 0,75	≤ 2,00	≤ 0,10	16,0-18,0	12,0-14,0	2,0-2,5	-	B 0,0015 - 0,0050	22,6 - 27,8
1.4941	X6CrNiTiB18-10	0,04-0,08	≤ 1,00	≤ 2,00	-	17,0-19,0	9,0-12,0	-	-	B 0,0015 - 0,0050	17,0 - 19,0
1.4948 *	X6CrNi18-10	0,04-0,08	≤ 0,75	≤ 2,00	≤ 0,11	17,0-19,0	8,0-11,0	-	-	-	17,0 - 20,6
1.4958	X5NiCrAlTi31-20	0,03-0,08	≤ 0,70	≤ 1,50	≤ 0,03	19,0-22,0	30,0-32,5	-	≤ 0,50	Al 0,20 - 0,50 Ti 0,20 - 0,50	19,0 - 10,5
1.4959	X8NiCrAlTi32-21	0,05-0,10	≤ 0,70	≤ 1,50	≤ 0,03	19,0-22,0	30,0-34,0	-	≤ 0,50	Al 0,25 - 0,65 Ti 0,25 - 0,65	19,0 - 22,5
1.4961	X8CrNiNb16-13	0,04-0,10	0,30-0,60	≤ 1,50	-	15,0-17,0	12,0-14,0	-	-	Nb ≥ 10xC≤ 1,20	15,0 - 17,0
1.4962	X12CrNiWTiB16-13	0,07-0,15	≤ 0,50	≤ 1,50	-	15,5-17,5	12,5-14,5	-	-	Ti 0,40 - 0,70 B 0,0015 - 0,006	15,5 - 17,5

Abb. 2.2 (Fortsetzung)

W.-Nr. *	DIN	Richtanalyse** (in Masse-%)									
		C	Si	Mn	N	Cr	Ni	Mo	Cu	Sonstige	PREN***
Austenitische hochwarmfeste Stähle											
1.4980 *	X6NiCrTiMoVB25-15-2	0,03-0,08	≤ 1,00	1,0-2,0	-	13,5-16,0	24,0-27,0	1,0-1,5	-	Ti 1,90 - 2,30 V 0,10 - 0,50 B 0,003 - 0,010	16,8 - 20,9
1.4986 *	X7CrNiMoBNb16-16	0,04-0,10	0,30-0,60	≤ 1,50	-	15,5-17,5	15,5-17,5	1,6-2,0	-	Nb ≥ 10xC≤ 1,20 B 0,0 - 0,10	20,8 - 24,1
1.4988	X8CrNiMoVNb16-13	0,04-0,10	0,30-0,60	≤ 1,50	0,06-0,14	15,5-17,5	12,5-14,5	1,1-1,5	-	V 0,60 - 0,85 Nb ≥ 10xC≤ 1,20	20,1 - 24,7
Austenitische nichtmagnetisierbare Stähle											
1.3816	X8CrMnN18-18	≤ 0,12	≤ 0,80	17,5-20,0	0,40-0,70	17,5-20,5	≤ 0,10	3,0-3,5	-	-	33,8 - 43,2
1.3914	X2CrNiMoNNb21-15-7-3	≤ 0,03	≤ 0,75	6,00-8,00	0,35-0,50	20,0-22,0	14,0-16,0	3,0-3,5		Nb 0,10 - 0,25	35,5 - 41,4
1.3948	X4CrNiMnMoN19-13-8	≤ 0,05	≤ 1,00	7,00-10,00	0,20-0,40	17,5-20,0	12,0-15,0	2,5-3,5	-	Nb 0,10 - 0,25	28,9 - 37,9
1.3952 *	X2CrNiMoN18-14-3	≤ 0,03	≤ 1,00	≤ 2,00	0,15-0,25	16,5-18,5	13,0-15,0	2,5-3,0	-	-	26,7 - 31,9
1.3962	X15CrNiMn12-10	0,05-0,20	≤ 0,60	5,50-6,50	≤ 0,10	10,5-12,5	9,0-11,0	-	-	-	10,5 - 14,1
1.3964 *	X2CrNiMnMoNNb21-16-5-3	≤ 0,03	≤ 1,00	4,00-6,00	0,20-0,35	20,0-21,5	15,0-17,0	3,0-3,5	-	Nb ≤ 0,25	33,1 - 38,7
1.3965	X8CrMnNi18-8	≤ 0,10	≤ 1,00	7,50-9,50	0,10-0,20	17,0-19,0	4,5-6,5	-	-	-	18,6 - 22,2
1.3974	X2CrNiMnMoNNb23-17-6-3	≤ 0,03	≤ 1,00	4,50-6,50	0,30-0,50	21,0-24,5	15,5-18,0	2,8-3,4	-	Nb 0,10 - 0,30	35,0 - 43,7

* **Stahlgüte mit Datenblatt** (siehe Pkt. 6: *Werkstoffdaten*)
** ***Hinweis:*** Die chemischen Zusammensetzungen nach EN und ASTM können etwas voneinander abweichen.
*** **Wirksumme nach Formel: PREN = 1 x % Cr + 3,3 x % Mo + 16 x % N** (für min. und max. Legierungsgehalte)

Abb. 2.2 (Fortsetzung)

Gefüge und Eigenschaften

3

Austenitische Stähle besitzen eine Mikrostruktur aus austenitischen Körnern, bestehen also aus kubisch-flächenzentrierten Würfelgittern (γ-Eisen) und weisen keine Ferrit-Austenit-Umwandlung auf. Die Abb. 3.1 zeigt hierzu eine typische Gefügestruktur mit ausschließlich austenitischen Körnern.

Zu beachten ist, dass alle austenitischen Stähle unter Umständen bei hohen Temperaturen dazu neigen, schädliche Sekundärphasen zu bilden. Wegen des hohen Legierungsanteils betrifft dies vor allem die austenitischen Hochleistungsstähle. Welche Sekundärphasen entstehen können, z. B. Chromcarbide an den Korngrenzen, intermetallische Phasen (Sigma-Phase, Chi-Phase), hängt von der chemischen Zusammensetzung der Stähle und von der Wärmebehandlung (Lösungsglühen) ab. Details zur Kinetik dieser Sekundärphasenbildung werden in (IMOA/ISER-Dokumentation 2022) beschrieben.

Folgende Eigenschaften des Werkstoffs austenitischer Stahl sind in der Praxis allgemein von Bedeutung:

- *hohe Beständigkeit gegenüber Korrosion*
- *gute Umformbarkeit*
- *Festigkeit kombiniert mit guter Zähigkeit*
- *Hochtemperaturfestigkeit*
- *gute Bearbeitbarkeit incl. Schweißbarkeit*
- *spezielle physikalische Eigenschaften, wie z. B. Unmagnetisierbarkeit*

J. Schlegel, *Nichtrostender austenitischer Stahl*, essentials,
https://doi.org/10.1007/978-3-658-42286-8_3

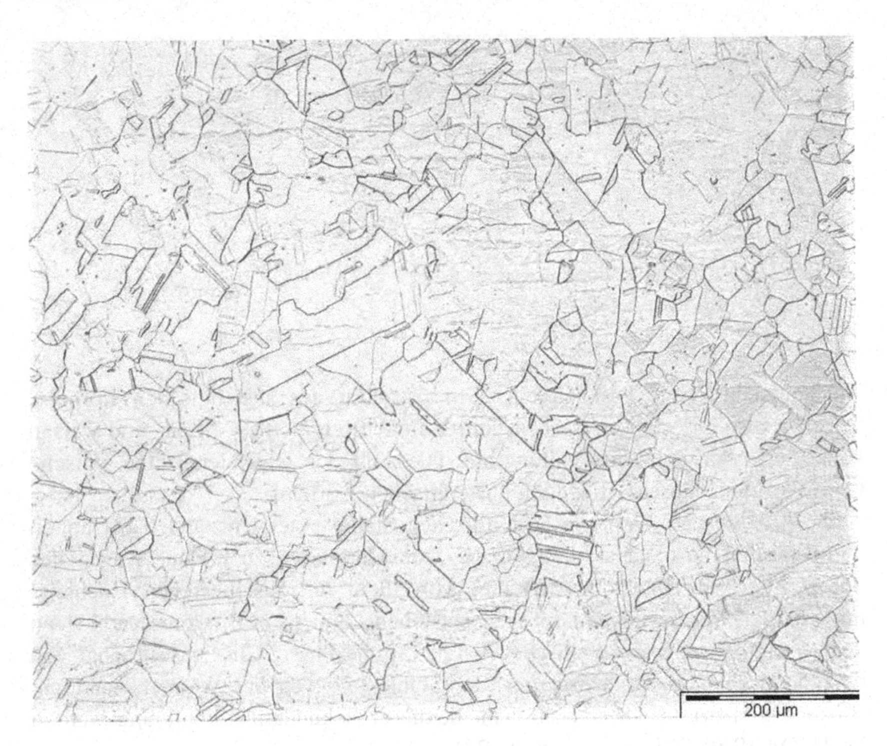

Abb. 3.1 Typisches Gefüge eines austenitischen Stahls. (Schliffbild: Deutsche Edelstahlwerke Specialty Steel GmbH & Co. KG)

Korrosionsbeständigkeit

Saure, alkalische, oxidierende, organische und anorganische Lösungen, also Säuren und Laugen, Chloride, Fluoride, Verunreinigungen, Temperatur- und Druckänderungen u. a. Faktoren können „werkstoffzerstörend" wirken. Man unterscheidet dabei mechanische, chemische und elektrochemische, auch thermische Abnutzung bzw. Überbeanspruchung des Werkstoffes Stahl bei der Anwendung. Davon ausgehend werden die entsprechenden Korrosionsarten unterschieden, wie:

- *Flächenkorrosion* (gleichmäßiger Flächenabtrag vor allem durch starke Säuren, heiße alkalische und andere Medien in der chemischen Industrie)
- *Loch- und Spaltkorrosion* (lokale Korrosion, die zu Löchern, Vertiefungen und Aushöhlungen im Bauteil führt und bevorzugt in unsichtbaren Spalten auftritt.)

- *Spannungsrisskorrosion* (Werkstoff ist gleichzeitig korrosiver Umgebung und Spannung, vorwiegend Zugspannung, ausgesetzt, wodurch lokales Versagen durch Risse entstehen kann.)
- *Ermüdungskorrosion* (Korrosion an Werkstoffen, die gleichzeitig Wechselbelastungen ausgesetzt sind, wodurch die Dauerfestigkeit sinkt.)
- *Abrasionskorrosion* (Korrosion unter sauren und basischen Medien mit reibend wirkenden Partikeln, vor allem im Bergbau, Ölsandabbau, in der Hydrometallurgie und bei der Wasserbehandlung)

Auf Details zu diesen Korrosionsarten und den dazu passenden korrosionsbeständigen austenitischen Stählen kann im Rahmen dieses *essentials* nicht eingegangen werden. Weiterführende Informationen hierzu finden sich z. B. in (ISSF 2021) und (IMOA/ISER-Dokumentation 2022).

Die Fähigkeit, „selbstheilend" auf Verletzungen der Oberfläche zu reagieren und sie auszuheilen, ist die besondere Eigenschaft austenitischer, korrosionsbeständiger Stähle. Werden sie einer korrosiven Umgebung ausgesetzt (feuchte Luft, chemische Dämpfe, Salzwasser) oder wird eine mechanische Beschädigung an der Oberfläche verursacht (Kratzer, Schleifspuren), dann rosten sie nicht. Es entsteht an der Oberfläche eine dünne, unsichtbare Chromoxidschicht, die eine weitere Oxidation verhindert. Die Passivierung ist perfekt. Diese Korrosionsbeständigkeit gilt als ein wichtiges Kriterium für austenitische Stähle.

Gute, häufig auch ausreichende Korrosionsbeständigkeit bieten die Standardqualitäten. Höchste Korrosionsbeständigkeit auch gegenüber verschiedenen Korrosionsarten erreichen die Hochleistungsstähle. Insbesondere zur Abschätzung der Beständigkeit gegen Loch- und Spaltkorrosion unter Berücksichtigung der Legierungszusammensetzung der austenitischen Stähle kann die beschriebene Wirksumme **PREN** herangezogen werden (siehe Abb. 2.2). In der grafischen Darstellung der Abb. 3.2 finden sich einige austenitische Stähle, eingeordnet nach ihrer Korrosionsbeständigkeit unter Berücksichtigung auch der Stückkosten. Diese vereinfachte Grafik ermöglicht eine gute Orientierung zur anwendungsbezogenen Stahlauswahl.

Unter Praxisbedingungen wird eventuell durch eine unsachgemäße Verarbeitung die Korrosionsbeständigkeit beeinträchtigt (mechanische Schädigung der Passivschicht oder Kontamination der Werkstückoberfläche z. B. mit chloridhaltigen Substanzen). Mittels Oberflächenreinigen und/oder spezieller Oberflächenbearbeitung (Schleifen, Polieren, Schwabbeln – Oberflächenveredelung) kann man dies jedoch begegnen.

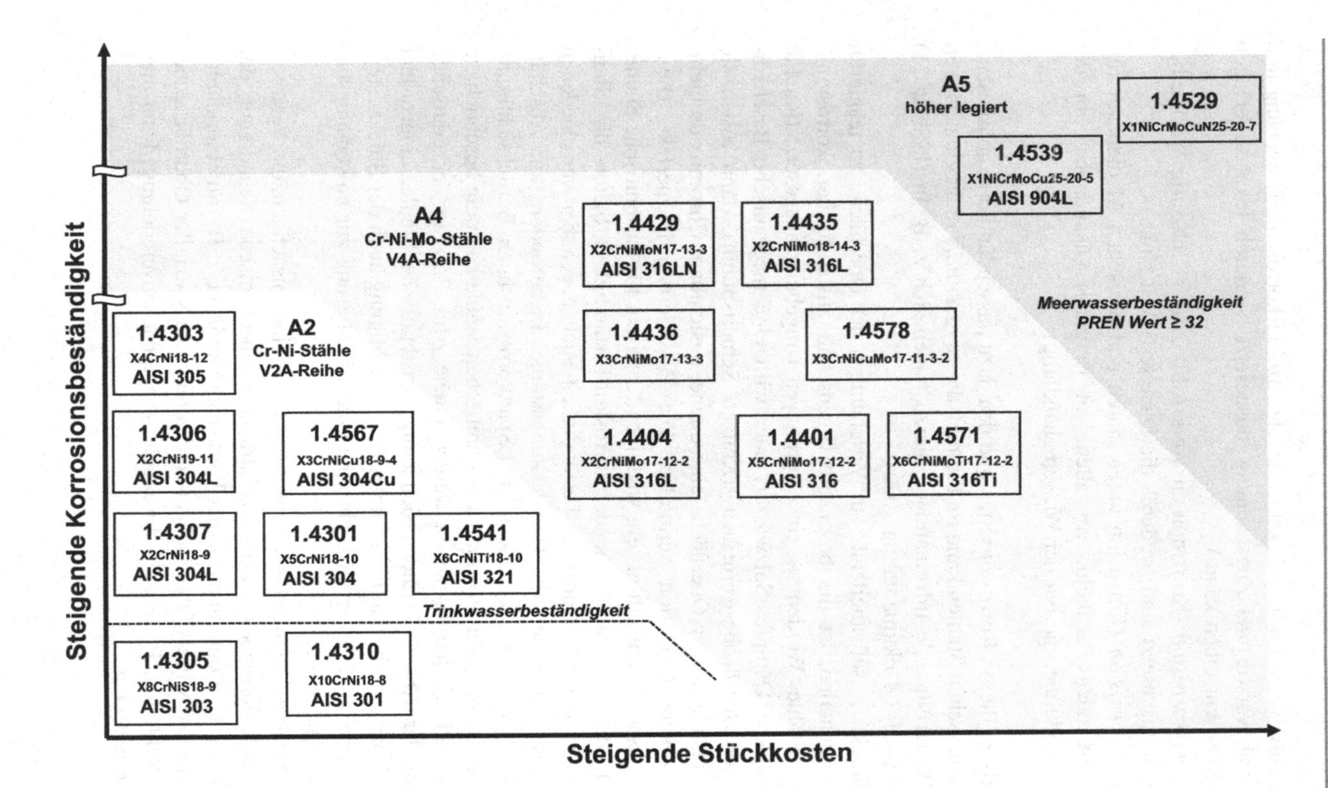

Abb. 3.2 Einordnung der austenitischen Stähle nach Korrosionsbeständigkeit und Stückkosten. (Quelle: Schematischer „Stammbaum" der austenitischen rostfreien Stähle, DEW, www.dew-stahl.com)

Mechanische Eigenschaften

- *Festigkeit*
- *Duktilität und Zähigkeit*
- *Hochtemperaturfestigkeit*

Festigkeitswerte für einzelne austenitische Stähle sind in den Werkstoffdatenblättern unter Kap. 6 zu finden. Interessant für die Stahlauswahl ist vor allem, dass die austenitischen Stähle bei relativ niedrigen Streckgrenzen hohe Festigkeiten (Zugfestigkeiten im Bereich von ca. 500 bis 750 N/mm^2) bei Bruchdehnungswerten von 35 bis 45 %, teils bis zu 70 % im nicht kaltverfestigten Zustand aufweisen und eine hervorragende Umformbarkeit besitzen. Der Grund für diese hohe Zähigkeit ist die austenitische, flächenzentrierte Gitterstruktur. Und die Festigkeit ist auf die Legierungselemente einschließlich Kohlenstoff und Stickstoff, die festigkeitssteigernd wirken, zurückzuführen. Die Abb. 3.3 zeigt hierzu eine typische, im Zugversuch ermittelte Spannungs-Dehnungskurve von einem austenitischen Stahl im Vergleich zu denen von einem ferritischen Stahl, einem Duplex-Stahl und einem Baustahl (Kohlenstoffstahl S355 – 1.0045), *Quelle*: (SCI-Publication 2017, Fig. 2.2).

Austenitische Stähle zeigen keine Phasenumwandlung, sind also nicht umwandlungshärtbar. Sind höhere Festigkeiten gefordert, kann jedoch mittels Kaltumformung gezielt eine Härtesteigerung (Kaltverfestigung) erreicht werden, da austenitische Stähle hohe Kaltverfestigungsraten aufweisen. Zu beachten ist hierbei insbesondere bei metastabilen austenitischen Standardstählen, dass es bei einer Kaltumformung zu spannungs- oder verformungsinduzierter martensitischer Umwandlung kommen kann. Diese kann unter anderem dann ein Problem sein, wenn es um Restmagnetismus geht.

Die Abb. 3.4 zeigt am Beispiel des austenitischen Stahls 1.4571 (X6CrNiMoTi17-12-2) eine typische Kaltverfestigungskurve beim Drahtziehen.

Als Kaltumformverfahren kommen je nach Produktform z. B. das Band- bzw. Blechwalzen, das Drahtziehen oder das Gesenkumformen für Formteile zur Anwendung. Zu beachten ist, dass die erzielten Kaltverfestigungen bei der Stahlanwendung unter höheren Temperaturen wieder verloren gehen können.

Der Kennwert E-Modul (auch: Elastizitätsmodul, Zugmodul, Dehnungsmodul oder Youngscher Modul als Materialkennwert, der den proportionalen Zusammenhang zwischen Spannung und Dehnung beschreibt; also wie stark ein Material bei einer Krafteinwirkung nachgibt) wird gemäß EN 1993-1-4 und EN 10088-1 üblicherweise mit einer Größe von 200 kN/mm^2 für austenitische Stähle angegeben als Basis für Konstruktionsanwendungen (SCI Publication 2017).

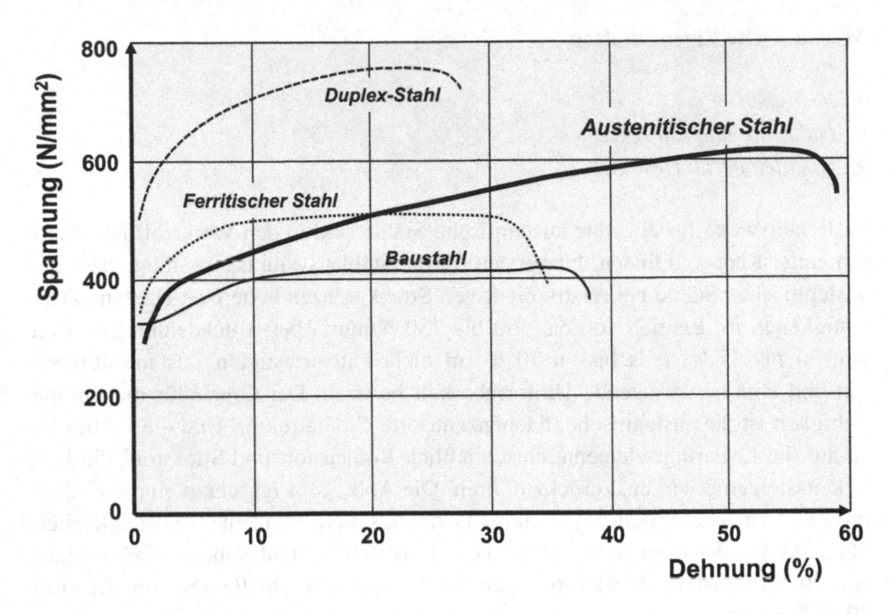

Abb. 3.3 Typische Spannungs-Dehnungs-Kurven für austenitischen Stahl im Vergleich zu einem ferritischen Stahl, Duplexstahl und Baustahl. (Quelle: SCI-Publication 2017, Fig. 2.2)

Die austenitischen Stähle sind legierungstechnisch vor allem hinsichtlich ihrer Korrosionsbeständigkeit optimiert, können aber auch mit ihren Hochtemperaturfestigkeiten überzeugen. So sind austenitische Standardstähle bis Temperaturen um max. 450 °C einsetzbar, und einige hitzebeständige Stähle bis ca. 1100 °C, ohne wesentliche Festigkeitsabnahmen zu zeigen. Die Abb. 3.5 zeigt hierzu in einer vereinfachten grafischen Darstellung die Einordnung einiger hitzebeständiger, austenitischer Stähle nach Kosten und maximalen Anwendungstemperaturen.

Physikalische Eigenschaften

- *Dichte (g/cm³)*
- *Spezifische Wärmekapazität c (J/kg·K)*
- *Wärmeleitfähigkeit λ (W/m·K)*
- *Elektrischer Widerstand R (Ω·mm²/m)*
- *Magnetisierbarkeit*

Den Werkstoffdatenblättern unter Kap. 6 sind einige physikalische Kennwerte für ausgewählte austenitische Stähle zu entnehmen. Sie weisen alle ähnliche physikalische Eigenschaften auf. Vergleichsweise zu unlegierten Stählen

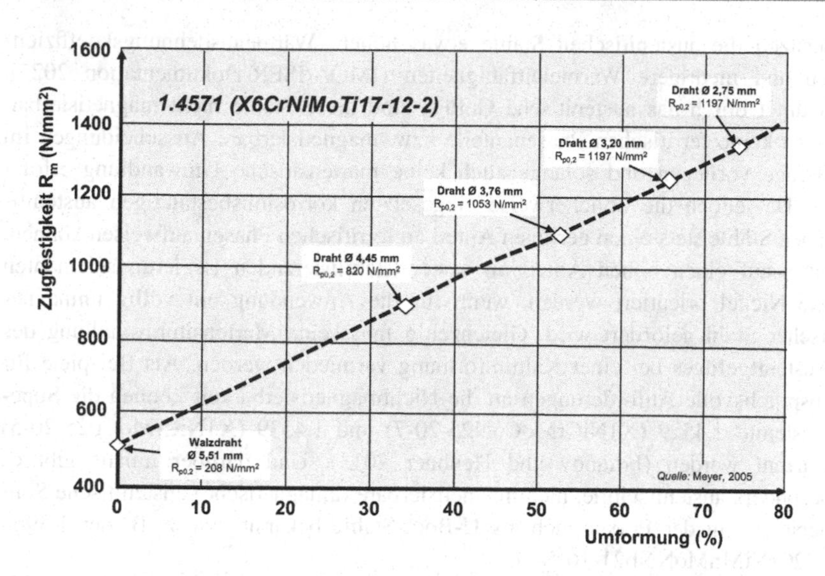

Abb. 3.4 Kaltverfestigungskurve für den austenitischen Stahl 1.4571 (X6CrNiMoTi17-12-2) nach (Meyer, 2005)

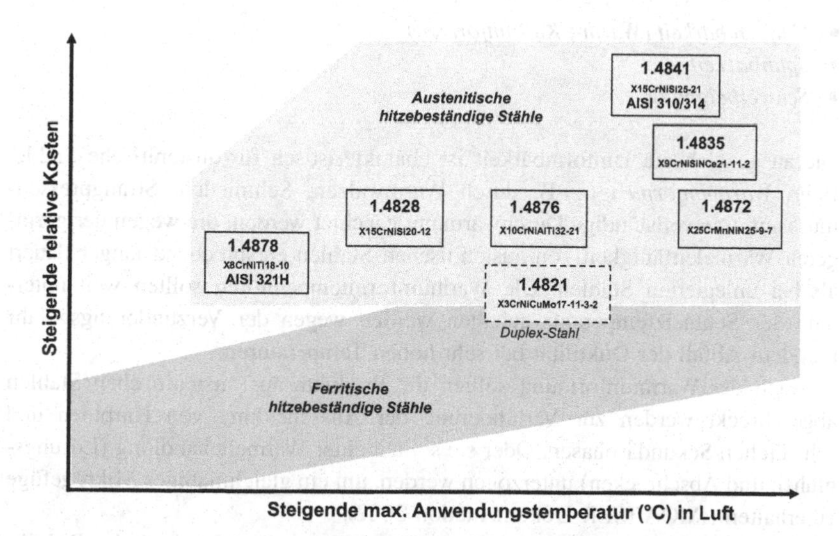

Abb. 3.5 Einordnung hitzebeständiger austenitischer Stähle nach Anwendungstemperaturen und Kosten. (Quelle: „Stammbaum der hitzebeständigen Stähle", DEW, www.dew-stahl.com)

besitzen die austenitischen Stähle etwas höhere Wärmeausdehnungskoeffizienten und niedrigere Wärmeleitfähigkeiten (IMOA/ISER-Dokumentation 2022). Bedingt durch das austenitische Gefüge sind diese Stähle nicht magnetisierbar, wenn keine ferritischen Phasenanteile bzw. magnetisierbare Ausscheidungen im Gefüge vorliegen und solange auch keine martensitische Umwandlung erfolgt ist. Da jedoch die üblicherweise eingesetzten korrosionsbeständigen austenitischen Stähle stets einen geringen Anteil an ferritischen Phasen aufweisen können, muss auf einen hohen Anteil an austenitstabilisierenden Legierungselementen wie Nickel orientiert werden, wenn für die Anwendung ein völlig unmagnetischer Stahl gefordert wird. Gleichzeitig muss eine Martensitumwandlung des Austenitgefüges bei einer Kaltumformung vermieden werden. Als Beispiele für anspruchsvolle Anforderungen an die Nichtmagnetisierbarkeit können die Superaustenite 1.4529 (X1NiCrMoCuN25-20-7) und 1.4539 (X1NiCrMoCu25-20-5) genannt werden (Fofanov und Heubner 2013). Und darüber hinaus gibt es besonders austenitstabile, nichtmagnetisierbare (amagnetische) austenitische Sonderstähle, in der Praxis auch als U-Boot-Stähle bekannt, wie z. B. der 1.3964 (X2CrNiMnMoNNb21-16-5-3).

Technologische Eigenschaften

- *Umformbarkeit (Warm-, Kaltumformen)*
- *Spanbarkeit*
- *Schweißeignung*

Die ausgezeichnete Umformbarkeit ist charakteristisch für austenitische Stähle. Beim *Warmumformen* (z. B. durch Warmwalzen, Schmieden, Strangpressen) muss auf eine vollständige Durchwärmung geachtet werden, die wegen der geringeren Wärmeleitfähigkeit von austenitischen Stählen entsprechend länger dauert als bei unlegierten Stählen. Die Warmumformtemperaturen sollten weit unterhalb der Schmelztemperatur gehalten werden wegen der Verzunderungsgefahr und dem Abfall der Duktilität bei sehr hohen Temperaturen.

Nach der Warmumformung sollten die Produkte aus austenitischen Stählen abgeschreckt werden zur Verhinderung der Ausscheidung von Karbiden und schädlichen Sekundärphasen. Oder sie sollten einer Wärmebehandlung (Lösungsglühen und Abschrecken) unterzogen werden, um ein gleichmäßiges Mikrogefüge zu erhalten (IMOA/ISER-Dokumentation 2022).

Da austenitische Stähle eine niedrige Streckgrenze und sehr hohe Duktilität aufweisen, sind sie auch ausgezeichnet kaltumformbar. Biegen, Abkanten, Falzen, Rundwalzen, Rollformen, Tiefziehen (Streckziehen), Drücken und Kaltstauchen sind die klassischen *Kaltumformverfahren,* mit denen einfache bis hin zu sehr komplex ausgeformte Teile hergestellt werden können, wie z. B. tiefgezogene Küchenspülen, Waschmaschinentrommeln, Wärmetauscherplatten, rollumgeformte Bauprofile und Flächenteile für Architektur und Transportwesen, kaltgestauchte Befestigungsmittel wie Schrauben, Nieten, drückgewalzte Tankformteile u. v. a. m. Bei der Herstellung derartig kaltgeformter Teile tritt auch der Vorteil der austenitischen Stähle zu Tage, dass sie sich sehr gut bzw. leicht sägen, scheren, stanzen, lochen und auch mit Wasserstrahl-, Plasma- oder Laserstrahltechnik schneiden lassen.

Austenitische Stähle werden in unterschiedlichen Halbzeugformen wie Stäbe, Profile, Rohre, Bleche, Bänder und Drähte erzeugt. Diese Zwischenprodukte und auch die schon daraus umgeformten Teile müssen spanend bearbeitet werden, um bestimmte Endprodukte herstellen zu können. Dabei spielt die Eigenschaft *Spanbarkeit* der austenitischen Stähle eine besondere, auch kostentreibende Rolle. Es betrifft den Werkzeugverschleiß, verursacht durch den austenitischen Stahl mit hoher Festigkeit (höhere Schneidkräfte) und Duktilität, dessen Neigung zur Kaltverfestigung und dessen niedrige Wärmeleitfähigkeit (Entstehende Wärme bei der mechanischen Bearbeitung wird nicht schnell genug abgeführt!). Und da sich die unterschiedlichen austenitischen Stähle auch sehr unterschiedlich spanbar zeigen, müssen die Spanparameter den zu bearbeitenden Stählen angepasst werden. In der Praxis sind hierzu vier Kategorien zu unterscheiden (IMOA/ISER-Dokumentation 2022):

- *Standardsorten als Blech und Band* (z. B. 1.4301, 1.4307, 1.4401, 1.4404).
- *Standardsorten mit verbesserter Spanbarkeit* (z. B. Langprodukte mit definiertem Schwefelzusatz).
- *Stähle für Automatenbearbeitung geeignet* (z. B. 1.4305, 1.4301 mod.), die sekundärmetallurgisch hinsichtlich bestmöglicher Spanbarkeit behandelt wurden.
- *Höherlegierte, höherfeste Stähle einschließlich der austenitischen Hochleistungs- und Sonderstähle, die schwieriger spanend zu bearbeiten sind.*

Generell sind folgende allgemeine Hinweise für eine spanende Bearbeitung austenitischer Stähle zu beachten (IMOA/ISER-Dokumentation 2022):

- Es sind robuste, leistungsstarke Bearbeitungsmaschinen mit steifen Werkzeugen und Spannvorrichtungen einzusetzen.
- Die Schnittflächen sollten so scharf wie möglich und die Spantiefen groß genug sein, um bis unter die vom vorherigen Bearbeitungsschritt erzeugte, kaltverfestigte Oberflächenschicht zu reichen.
- Eine Kaltverfestigung ist zu vermeiden. Deshalb sind stumpfe Werkzeuge rechtzeitig auszutauschen und die Schnittgeschwindigkeiten nicht zu hoch zu wählen.
- Der Schnittbereich ist stark mit Kühl-/Schmiermittel zu spülen.

Das *Schweißen* (Unterpulver-, Wolfram-Inertgas-, Plasma-, Metall-Aktivgas-, Laserstrahl- und Elektronenstrahl-Schweißen), auch das *Hart-* und *Weichlöten* sind die in der Praxis weit verbreiteten Fügetechniken von austenitischen Stählen. Diese dürfen beim Einsatz die Korrosionsbeständigkeit und die mechanischen Eigenschaften des Grundwerkstoffs nicht beeinträchtigen bzw. verändern. Und da die austenitischen Stähle erhebliche Unterschiede in der Wärmeausdehnung, im elektrischen Widerstand und in der Wärmeleitfähigkeit untereinander sowie im Vergleich zu denen von unlegierten Stählen aufweisen, sind die Schweißparameter, die Schweißzusatzwerkstoffe und die Nahtkantenvorbereitungen anzupassen. Zum Beispiel verstärkt der höhere Wärmeausdehnungskoeffizient austenitischer Stähle die Tendenz zum Verzug der Bauteile. Und der höhere elektrische Widerstand bedingt geringere Schweißstromstärken. Zu beachten ist auch, dass die geringere Wärmeleitfähigkeit der austenitischen Stähle, also die dadurch bedingte langsamere Wärmeabfuhr dazu führt, dass die Schweißwärme länger im Nahtbereich erhalten bleibt, somit zu Schrumpfungen, Verzug und eventuell auch zur Bildung von Karbiden und intermetallischen Phasen beitragen kann.

Herstellung

4

Die Herstellung der nichtrostenden austenitischen Stähle und der daraus gefertigten Produkte umfasst die schmelzmetallurgische Erzeugung im Elektrostahlwerk (Erschmelzen, Feinen, Gießen), das Warmumformen (Schmieden, Walzen) zu Halbzeug, die Wärmebehandlung und die Weiterverarbeitung zu den Fertigprodukten (Kaltumformen, mechanisches Bearbeiten, Oberflächenveredeln).

Schmelzen
Moderne Elektrostahlwerke arbeiten heute mit Lichtbogenöfen bei Chargengrößen bis zu 200 t. Im **L**icht**b**ogen**o**fen (**LBO**) bildet der Strom (meist Drehstrom) einen Lichtbogen (vergleichbar mit dem Elektrohandschweißen) zwischen den stromführenden Graphitelektroden und dem Schrotteinsatz. Dieser Lichtbogen schmilzt den Schrott durch die thermische Strahlung auf. Danach erfolgt der Abguss der Schmelzcharge (Rohstahl) in eine vorgewärmte Pfanne bei ca. 1700 °C. Zur Einstellung eines stabilen austenitischen Gefüges muss der Rohstahl schon mit engen Analysengrenzen der Legierungselemente im Lichtbogenofen erzeugt werden, z. B. durch Auswahl und Einsatz von sortenreinem Schrott. In nachgeschalteten sekundärmetallurgischen Anlagen wird die weitere „Feinung" des noch flüssigen Rohstahls vorgenommen: Zulegieren bestimmter Legierungselemente, Aufsticken (Erhöhung des Stickstoffgehalts), Homogenisierung der Schmelze, Senkung des Kohlenstoff- und Schwefelgehaltes, Einstellung der Gießtemperatur. Hierzu kommen für die hochlegierten austenitischen Edelstähle mit niedrigem Kohlenstoffgehalt AOD- und VOD-Konverter zum Einsatz:

- **AOD:** **A**rgon-**O**xygen-**D**ecarburization, Entkohlen mit Argon-Sauerstoff-Gemisch.

J. Schlegel, *Nichtrostender austenitischer Stahl*, essentials,
https://doi.org/10.1007/978-3-658-42286-8_4

- **VOD: V**acuum-**O**xygen-**D**ecarburization, Entkohlen unter Vakuum mit Sauerstoff.

Nach Abschluss dieser Feinbehandlung, üblicherweise auch „Pfannenmetallurgie“ oder „sekundärmetallurgische Behandlung“ genannt (Burghardt und Neuhof 1982), wird die fertige Stahlschmelze zu Blöcken oder als Strangguss (Horizontal-, Kreisbogen- oder Vertikalstrangguss) vergossen. Für spezielle Anforderungen hinsichtlich höchster Reinheitsgrade und Homogenität (Reduzierung von Seigerungen, also von Entmischungen im Gussgefüge) kann ein Umschmelzen erforderlich werden. **E**lektro-**S**chlacke-**U**mschmelzanlagen **(ESU)** oder **L**icht**b**ogen-**V**akuum-Anlagen **(LBV)** kommen zum Einsatz, um den bereits erschmolzenen, sekundärmetallurgisch behandelten und abgegossenen Stahl einem weiteren Reinigungsprozess zu unterziehen.

Umformen

Es ist die bewusst vorgenommene geometrische Änderung einer bereits vorhandenen Roh- oder Werkstückform in eine neue Form. Diese erfolgt nach dem Gießen und Erstarren vorzugsweise in einem Temperaturbereich von 950 bis 1200 °C als Warmumformen (Schmieden, Walzen) der Gussblöcke zu Halbzeug (Rund, Profil, Rohr oder Breit-Flach). Um abmessungsnah die Vorformen für die Endprodukte zu erhalten, kommen danach auch Kaltumformprozesse zur Anwendung (Walzen von Profilen, Rohren, Blechen, Bändern, Ziehen von Stabstahl und Draht, Biegen, Abkanten, Falzen, Rundwalzen, Rollformen, Tiefziehen, Drücken und Kaltstauchen).

Wärmebehandeln

Austenitische Stähle können nicht durch eine Wärmebehandlung gehärtet werden. Wie beschrieben, ist eine Festigkeitssteigerung nur durch eine Kaltverfestigung möglich.

Angepasst an die chemische Zusammensetzung, die Wärmgut- bzw. Bauteilgröße und den Verwendungszweck unterzieht man austenitische Stähle einem *Lösungsglühen* bei üblicherweise 1000 bis 1150 °C, auch *Homogenisieren* genannt. Bei dieser Wärmebehandlung werden die sich beim Warmumformen und Schweißen gebildeten, unerwünschten Sekundärphasen gelöst. Es wird ein optimiertes, homogenisiertes Mikrogefüge erzeugt und nach einer Kaltverfestigung auch eine Entfestigung mit reduzierten Eigenspannungen erreicht. Ein schnelles Abkühlen verhindert erneute Ausscheidungen. Da infolge der sehr hohen Glühtemperaturen beim Lösungsglühen an Luft oberflächlich Oxide entstehen,

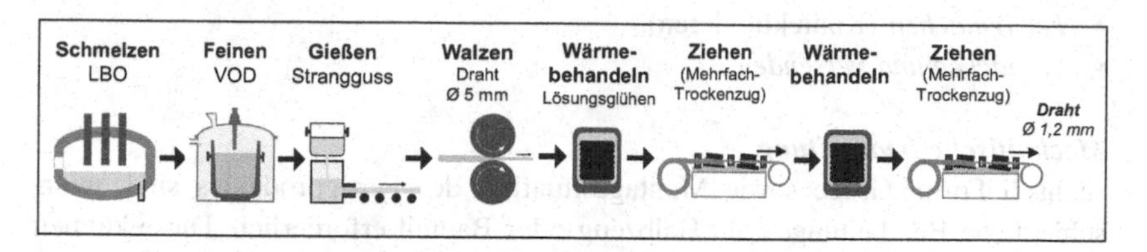

Abb. 4.1 Beispiel einer Fertigungsfolge (vereinfacht) für die Herstellung von Draht aus einem austenitischen Stahl. (Quelle: BGH Edelstahl Freital GmbH)

muss diese Zunderschicht anschließend durch Entzundern, Beizen oder mechanischer Oberflächenbearbeitung entfernt werden. So wird die legierungstechnisch vorbestimmte höchste Korrosionsbeständigkeit bei guter Umformbarkeit sichergestellt.

Während des Umformens, insbesondere beim Kaltumformen, Tiefkühlen und auch beim Schweißen können innere Spannungen im Bauteil entstehen. Diese können die Ursache für Verzug sein und eventuell auch ein Risiko für Spannungsrisskorrosion darstellen. Ein *Spannungsarmglühen* bei wesentlich niedrigeren Temperaturen im Vergleich zum Lösungsglühen bewirkt hierzu einen Spannungsabbau. Der Temperaturbereich beim Spannungsarmglühen liegt üblicherweise bei max. 540 °C, also unterhalb der kritischen Temperaturen, bei denen sich im austenitischen Stahl Sekundärphasen bilden können.

Der Abb. 4.1 zeigt schematisch ein Beispiel einer Fertigungsfolge für die Herstellung eines Drahtes aus dem austenitischen Stahl 1.4310 (X10CrNi18-8).

Adjustagearbeiten

Am Ende der Fertigungskette zur Herstellung von Halbzeug werden in Adjustagelinien die Halbzeuge entzundert, gerichtet, geschält, gereinigt und einer Innen- und Oberflächenprüfung unterzogen:

- *Trennen zur Erzielung der von den Kunden gewünschten Maße*
- *Bearbeiten der Schnittkanten, der Knüppel- und Stabenden*
- *Richten zur Sicherung der Geradheitsanforderungen*
- *Oberflächenbehandlung*
- *Qualitätskontrolle* (Zwischen- und Endkontrollen).
- *Endreinigen*
- *Signieren, Farbmarkieren oder Stempeln zur eindeutigen Identifizierung des Produktes*
- *Zwischenlagern*

- *Fertigmachen* (Konfektionieren).
- *Verpacken und Versenden*

Mechanische Bearbeitung
Je nach Form, Größe sowie Montagesituation des Fertigproduktes sind unterschiedliche Bearbeitungen am Halbzeug oder Bauteil erforderlich. Diese können z. B. sein: Kantenbearbeitung (Fräsen) an Blechen, Profilen, Rohren zur Vorbereitung von Schweißnähten, Bohren und Gewindeschneiden zur Herstellung von Verbindungen (z. B. an Flanschen, Behältern, Profilen für Tragkonstruktionen) oder Drehen von Präzisionsteilen z. B. für Ventile, Fittinge u. a. Hierzu sind die unter Kap. 3: *Gefüge und Eigenschaften* genannten Besonderheiten bzw. Unterschiede in der Spanbarkeit der unterschiedlichen austenitischen Stähle zu beachten.

Oberflächenveredeln
Die austenitischen Stähle haben eine schon sehr hohe Korrosionsbeständigkeit, die noch optimiert werden kann, wenn metallisch blanke Oberflächen vorliegen. Deshalb kann es für bestimmte Anwendungen vorteilhaft sein, am Fertigprodukt durch eine abschließende chemische Oberflächenbehandlung (Tauch- oder Sprühbeizen), durch Schleifen, Strahlen, Bürsten, Polieren oder Schwabbeln eventuell vorhandene oxidische Schichten zu entfernen. Und gleichzeitig entstehen so auch optisch ansprechende, hochwertige und leicht zu reinigende Oberflächen. Der Aufwand für eine Oberflächenbearbeitung richtet sich nach den Bedingungen bei der Anwendung, wie Verschmutzungsanfälligkeit, Reinigungsmöglichkeit, Aussehen bzw. Glanzgrad. Die unterschiedlichen Oberflächenausführungen, auch Sonderoberflächen, sind in internationalen Normen beschrieben. Eine Vielzahl von Oberflächenveredlern reinigen, prägen, schleifen, polieren, schwabbeln, färben mit Lacken oder elektrochemisch, beschichten mit physikalischer Gasphasenabscheidung PVD oder durch Sputtern und schützen mit erst bei Fertigstellung abziehbaren Folien die Oberflächen der unterschiedlichsten Edelstahlprodukte.

Geeignete Nachbehandlungsverfahren, wie z. B. das Passivieren (Entfernen von leichten Fremdeisenkontaminationen von der Oberfläche), das Elektropolieren von Schweißnähten oder das Reinigen mit Schwämmen, Bürsten, Schleifmitteln bzw. auch chemisch von leicht verschmutzten Oberflächen nach längerem Gebrauch sichern maßgeblich die Korrosionsbeständigkeit und somit die Langlebigkeit der unterschiedlichsten Produkte aus austenitischen Stählen.

Hinweis:

Generell sollte nichtrostender Stahl, also auch der austenitische Stahl, getrennt von unlegiertem Stahl verarbeitet und gelagert werden, sodass keine Kontamination z. B. mit Schleifstäuben aus der Verarbeitung von unlegiertem Stahl erfolgen kann. Eisenpartikel auf Oberflächen von nichtrostendem Stahl können den sogenannten Flugrost bilden, der dann bei späterer Anwendung des Bauteils auch zu Lochkorrosion führen kann (IMOA/ISER-Dokumentation 2022).

5 Anwendungen

Der Einsatz nichtrostender Stähle bietet generell folgende Vorteile:

- hohe Korrosionsbeständigkeit = Langlebigkeit
- mechanisch belastbar, geringer Verschleiß, leichte Bauweisen
- gut umform- und schweißbar = sehr breites Anwendungsgebiet
- glatte Oberflächen = keine Verkeimung
- nicht toxisch = Hygieneanwendungen (z. B. Trinkwasser)
- glänzende, edle Oberflächen = optisch ansprechend
- geschmacksneutral = geeignet für Lebensmittel- und Getränkeindustrie
- recyclebar = geringe Umweltbelastung

Die chemische Zusammensetzung sowie die Verarbeitung (Wärmebehandlung, Umformung und Oberflächenveredlung) verleihen den austenitischen Stählen eine herausragende Kombination aus hoher Korrosionsbeständigkeit, Festigkeit, Zähigkeit und Umformbarkeit bei guter Schweißeignung. Deshalb repräsentieren die austenitischen Stähle vom weltweiten Einsatz nichtrostender Stähle auch einen Anteil von über 65 %. Keine anderen Stähle begegnen uns im Alltag so oft und so vielfältig wie die nichtrostenden Stähle, und mit keinen anderen Stählen können wir so viel produzieren, sichern, erleben und gestalten. Allein ein Blick in unsere Küche zeigt, wo uns austenitischer, nichtrostender Edelstahl im Haushalt gute Dienste leistet: in Form der Bestecke, Töpfe, Wasserkocher, Mixer, Küchenspüle, verschiedenster Küchengeräte, Schüsseln und Obstschalen. Und in der Wohnung sind es Türgriffe, Möbelbeschläge, Lampen, Kunstgegenstände, auch Badutensilien, Waschmaschinen, Trockner, Handläufe u. v. a. m. Industriell finden austenitische Stähle dank ihrer vielfältigen Eigenschaften Anwendungen in der Hydrometallurgie (früher *Nassmetallurgie* – Verfahren, die

J. Schlegel, *Nichtrostender austenitischer Stahl*, essentials,
https://doi.org/10.1007/978-3-658-42286-8_5

die stoffspezifische Löslichkeit der Elemente und Verbindungen zur Metallgewinnung ausnutzen), in der Chemieindustrie, im Schiffbau, im Ofen-, Tunnel-, Fahrzeug- und Anlagenbau, auch in der Wasserwirtschaft, Medizintechnik, Architektur und Bauindustrie, in der Raumfahrtindustrie, Uhren-, Lebensmittel- und Getränkeindustrie, im Umweltschutz, in der pharmazeutischen Industrie, Film- und Fotoindustrie, Kosmetik-, Textil-, Zellstoff- und Papierindustrie, in der Sportindustrie, Sanitärtechnik sowie in der Kunst.

Die Abb. 5.1 zeigt hierzu als Bildmosaik einen ersten Eindruck zu den so vielfältigen und typischen Anwendungen von austenitischen Stählen.

Anwendung der austenitischen Standardstähle

Die klassischen *Cr-Ni-Stähle,* wie z. B. 1.4301 (X5CrNi18-10) und 1.4307 (X2CrNi18-9), weisen eine gute Korrosionsbeständigkeit auf vor allem unter natürlichen, atmosphärischen Umweltbedingungen ohne Chlor- und Salzeinflüssen, wie an Luft, in Wasser und leicht verunreinigten Abwässern, in Kontakt mit Nahrungsmitteln und organischen Säuren. Sie finden hauptsächlich Anwendung in der chemischen Industrie, Erdöl- und Petrochemie, im Maschinenbau, in der Kosmetik-, Pharma- und Nahrungsmittelindustrie (z. B. für Wein- und Biertanks), in der Bauindustrie sowie für Sanitäranlagen und Haushaltswaren.

Die austenitischen *Cr-Ni-Mo-Stähle,* wie z. B. 1.4404 (X2CrNiMo17-12-2), 1.4571 (X6CrNiMoTi17-12-2), zeigen eine höhere Korrosionsbeständigkeit, vor allem eine gute Säurebeständigkeit. Sie werden in der Bauindustrie, im chemischen Apparatebau, in der Papier- und Textilindustrie, in der Lebensmittelverarbeitung, in Kläranlagen, auch für Schrauben und Muttern und überall dort eingesetzt, wo höhere Chlorbelastungen vorkommen.

Die *Sonderaustenite,* wie z. B. 1.4529 (X1NiCrMoCuN25-20-7) und 1.4539 (X1NiCrMoCu25-20-5), weisen im Vergleich zu den anderen austenitischen Standardstählen die höchste Korrosionsbeständigkeit unter oxidierenden und reduzierenden Bedingungen auf. Sie sind sehr gut gegen Loch-, Spalt- und Spannungsrisskorrosion beständig und werden deshalb eingesetzt für Verdampfer, Schwefelsäureanlagen, Wärmetauscher, in der Meerwassertechnik, in der Zellstoff- und Papierindustrie, für Pumpen, Kondensatorrohre und sonstige Rohrleitungssysteme in Kraftwerken, auch für Rauchgasentschwefelungsanlagen und Tanks zum Transport aggressiver Medien.

Anwendung austenitischer hitzebeständiger und hochwarmfester Stähle

Die klassischen austenitischen Stähle können unter Umständen auch bei Temperaturen bis ca. 500 °C eingesetzt werden. Für einen Hochtemperatureinsatz oberhalb

Abb. 5.1 *V.l.n.r. und v.o.n.u.:* Attraktionen aus Edelstahl in einem Freizeitpark (Foto: Josef Wiegand GmbH & Co. KG, Rasdorf), Rolltreppe mit Edelstahlverkleidung (Foto: Schlegel, Chr.), Cuvée-Tanks für die Versektung: Zylinder aus V2A (1.4301 - X5CrNi18-10) und Deckel aus V4A (1.4401 - X5CrNiMo17-12-2), Fassungsvermögen je 30000 Liter (Foto: Sächsisches Staatsweingut GmbH, Schloss Wackerbarth, Radebeul), Schnittmodell eines Edelstahl-Kegs (Foto: SCHÄFER Container Systems, Neunkirchen), Topf aus Edelstahl (Foto: Schlegel, J.), Präzisionsdrehteile aus 1.4305 - X8CrNiS18-9 (Foto: Mesa Parts GmbH, Lenzkirch), Kunstwerk „Wasserwand - Himmelsleiter" aus V4A (1.4401 - X5CrNiMo17-12-2) im Dorint Kongress-Hotel Chemnitz, Entwurf von Prof. K. C. Dietel (1934–2022), Chemnitz, Ausführung: Strzelczyk Edelstahl-Verarbeitung, Rossau (Foto: Strzelczyk, B.), Blick in den Barbara-Stollen mit eingelagerten Fässern aus Edelstahl 1.4301 - X5CrNi18-10 (Foto: Straube, B., BBK - Bundesamt für Bevölkerungsschutz und Katastrophenhilfe, Bonn), Extraktionsanlage für Pharmaindustrie (Foto: DEVEX Verfahrenstechnik GmbH, Warendorf)

900 °C in Ofenanlagen sind sie jedoch legierungstechnisch nicht geeignet. Hierfür kommen die hitzebeständigen und hochwarmfesten Stähle zum Einsatz, wobei typischerweise zwei Einsatzvarianten unterschieden werden (Uhlig et al. 2020):

- *als durchlaufende Teile mit dabei ständig ausgesetzten thermischen und/oder mechanischen Schockbeanspruchungen:* Förderketten und -bänder, Halterungen, Chargierbehälter, Abschreckvorrichtungen.
- *als ständig in den Öfen verbleibende Teile mit weniger Schockbeanspruchung:* Stützbalken, Herdplatten, Brenner, Thermo-Schutzrohre, Rollen- und Gleitscheinen, Förderrollen, Hubbalken, Drehrohröfen, Schachtöfen, Muffeln, Rekuperatoren, Lüfterantriebe, Trommeln, Reaktorgefäße, Boiler, Kaminrohre, Abgassysteme u. a.

Beispiele
1.4828 (X15CrNiSi20-12): Einsatz bis 1000 °C an trockener Luft für Teile auch mit hoher mechanischer Beanspruchung (z. B. Stützelemente, Röhren, Glühhauben, Härtekörbe),
1.4835 (X9CrNiSiNCe21-11-2): Einsatz bis 1150 °C an trockener Luft für Ofenkonstruktionen und petrochemische Anlagen,
1.4878 (X8CrNiTi18-10): Einsatz für max. 800 °C Betriebstemperatur an trockener Luft für Glühhauben, Muffeln, Aufkohlungs- und Härtekörbe,
1.4948 (X6CrNi18-10): Einsatz bis 800 °C an trockener Luft für Reaktoren, Rohrleitungen, Druckgefäße.

Anwendung nichtmagnetisierbarer (amagnetischer) austenitischer Sonderstähle
Elektromagnetische Systeme erfahren heute eine rasche Entwicklung. Unter Beachtung der Wechselwirkungen mit magnetischen Feldern bei der Anwendung austenitischer Stähle wird deshalb zunehmend auch deren Nichtmagnetisierbarkeit gefordert. Diese amagnetischen Spezialstähle gehören ebenfalls zur Gruppe der nichtrostenden Edelstähle und finden Anwendungen in der Elektrotechnik (Induktorkappen und Kappenringe), im Spezialschiffbau (Minenabwehrfahrzeuge und U-Boote), in der Erdöl- und Erdgasbohrtechnik (Stangen für Bohrstränge), in der chemischen Industrie und im Apparatebau (Fofanov und Heubner 2013).

Weitere Details zu Anwendungen ausgewählter austenitischer Stähle sind im nachfolgenden Pkt. 6: *Werkstoffdaten* in den Datenblättern zu finden.

6 Werkstoffdaten

Für eine Auswahl von in der Praxis am häufigsten und gängigsten austenitischen Stählen sind in Datenblättern relevante Werkstoffdaten zusammengefasst, wie:

- *äquivalente Normen und Bezeichnungen, übliche Handelsnamen*
- *chemische Zusammensetzungen (Richtanalysen)*
- *physikalische Eigenschaften*
- *mechanische Eigenschaften*
- *thermische Behandlungen (Warmumformen, Lösungsglühen)*
- *Anwendungen*

Als Quellen dienten Daten zu den Werkstoffen gemäß der gültigen Norm EN10088 sowie aus Werkstoffdatenblättern der Stahlhersteller und Stahlhändler, aus dem Stahlschlüssel (Wegst & Wegst, 2019) und aus Publikationen wie z. B. (Euro Inox, 2007) und (IMOA/ISER-Dokumentation, 2022).

Ein Beispiel zeigt hierzu die Abb. 6.1 für den Klassiker V2A – 1.4301 (X5CrNi18–10).

Ergänzende Information Die elektronische Version dieses Kapitels enthält Zusatzmaterial, auf das über folgenden Link zugegriffen werden kann https://doi.org/10.1007/978-3-658-42286-8_6.

J. Schlegel, *Nichtrostender austenitischer Stahl*, essentials,
https://doi.org/10.1007/978-3-658-42286-8_6

1.4301 (X5CrNi18-10)

Der am häufigsten verwendete austenitische, korrosionsbeständige Stahl der ersten Generation, auch als **V2A** bekannt: relativ weicher, nicht ferromagnetischer Cr-Ni-Stahl, gut korrosionsbeständig unter natürlichen Umwelteinflüssen, für Tieftemperaturen geeignet, widersteht Temperaturschwankungen bis ca. 550 °C, lässt sich gut weiterverarbeiten (umformen, bearbeiten, schweißen).

Übliche Handelsnamen:

V2A, **Acidur 4301** (DEW), **Core 304/4301** (Outokumpu), **CHRONIFER® Supra 1.4301** (L. Klein SA, CH) **Ergste® 1.4301PA** (ZAPP), **Aperam 304** (Aperam)

Äquivalente Normen und Bezeichnungen:

Deutschland:	EN 10088-3	1.4301 (X5CrNi18-10)	*UNS:*		S30400
USA:	AISI / ASTM	304, 304N	*China:*	GB	
Japan:	JIS	SUS304	*Schweden:*	SS	2333
England:	B.S.	304S15, 304S31	*Russland:*	GOST	08Ch18N10
Frankreich:	AFNOR	Z7CN18-09	*Spanien:*	UNE	F.3504

	Richtanalyse (in Masse-% nach DIN EN 10088):									
	C	Si	Mn	N	Cr	Ni	Mo	Cu	Sonstige	*PREN*
min.	-	-	-	-	17,50	8,00	-	-	-	17,5 - 21,1
max.	0,070	1,00	2,00	0,10	19,50	10,50	-	-	-	

Physikalische Eigenschaften

Dichte ρ (g/cm³): 7,90
Elektrischer Widerstand R (Ω·mm²/m) bei 20 °C: 0,73
Spezifische Wärmekapazität c (J/kg·K) bei 20 °C: 500
Wärmeleitfähigkeit λ (W/m·K) bei 20 °C: 15
Magnetisierbarkeit: sehr gering

Wärmeausdehnungskoeffizient α (10^{-6}/K):

20 bis 100 °C	16,0
20 bis 200 °C	16,5
20 bis 300 °C	17,0
20 bis 400 °C	17,5
20 bis 500 °C	18,0

Mechanische Eigenschaften bei 20 °C, lösungsgeglüht (+AT)

Härte	Streckgrenze $R_{p0,2}$	Zugfestigkeit R_m	Dehnung A_5	Elastizitätsmodul E
≤ 215 HB	≥ 190 N/mm²	500 - 700 N/mm²	≥ 45 %	200 kN/mm²

Kerbschlagarbeit KV: längs ≥ 100 J, quer ≥ 60 J

Thermische Behandlung:		***Abkühlung:***
Warmumformen	900 bis 1200 °C	Luft
Lösungsglühen	1000 bis 1100 °C	Wasser, Luft

Hinweis zur spanenden Bearbeitung:
mittlere Zerspanbarkeit, Stahl verfestigt sich, deshalb große Spantiefe wählen!

Empfohlener Schweißzusatzwerkstoff: **1.4316** (AISI308L)

Anwendungen:
Bau-, Nahrungsmittel-, Pharma- und Kosmetikindustrie, chemische Industrie, Fahrzeug- und Apparatebau, Haushaltgeräte, Sanitärtechnik, chirurgische Instrumente, Schrank- und Küchenbau, Architektur

Folgende weitere Datenblätter von nichtrostenden austenitischen Stählen in der Reihenfolge steigender Werkstoffnummern sind online abrufbar über:

1.3952 (X2CrNiMoN18-14-3) **1.3964** (X2CrNiMnMoNNb21-16-5-3)
1.4303 (4CrNi18-12) **1.4305** (X8CrNiS18-9)
1.4306 (X2CrNi19-11) **1.4307** (X2CrNi18-9)
1.4310 (X10CrNi18-8) **1.4311** (X2CrNiN18-10)
1.4315 (X5CrNiN19-9) **1.4319** (X5CrNi17-7)
1.4361 (X1CrNiSi18-15-4) **1.4369** (X11CrNiMnN19-8-6)
1.4371 (X2CrMnNiN17-7-5) **1.4372** (X12CrMnNiN17-7-5)
1.4373 (X12CrMnNiN18-9-5) **1.4401** (X5CrNiMo17-12-2)
1.4404 (X2CrNiMo17-12-2) **1.4406** (X2CrNiMoN17-11-2)
1.4429 (X2CrNiMoN17-12-3) **1.4432** (X2CrNiMo17-12-3)
1.4435 (X2CrNiMo18-14-3) **1.4438** (X2CrNiMo18-15-4)
1.4439 (X2CrNiMoN17-13-5) **1.4441** (X2CrNiMo18-15-3)
1.4529 (X1NiCrMoCuN25-20-7) **1.4539** (X1NiCrMoCu25-20-5)
1.4541 (X6CrNiTi18-10) **1.4547** (X1CrNiMoCuN20-18-7)
1.4550 (X6CrNiNb18-10) **1.4562** (X1NiCrMoCu32-28-7)
1.4563 (X1NiCrMoCu31-27-4) **1.4565** (X2CrNiMnMoN25-18-6-5)
1.4567 (X3CrNiCu18-9-4) **1.4571** (X2CrNiMoTi17-12-2)
1.4652 (X3CrNiCu18-9-4) **1.4828** (X15CrNiSi20-12)
1.4841 (X15CrNiSi25-21) **1.4845** (X15CrNi25-21)
1.4854 (X6NiCrSiNCe35-25) **1.4864** (X12NiCrSi35-16)
1.4876 (X10CrNiAlTi32-21) **1.4878** (X8CrNiTi18-10)
1.4886 (X12NiCrSi35-16) **1.4948** (X6CrNi18-10)
1.4980 (X6NiCrTiMoVB25-15-2) **1.4986** (X7CrNiMoBNb16-16)

6.1 Hinweis

Die in den Datenblättern eingetragenen Werte, z. B. für die mechanischen Eigenschaften, sind nur als Richtwerte anzusehen und nicht einer speziellen Halbzeugform (Blech, Stab, Draht, Rohr) zuordenbar.

Die Stahlhersteller weisen in ihren Werkstoffdatenblättern oft nur einen Wert oder engere Toleranzen für die Gehalte an Legierungselementen aus, als es die Richtwerte der Norm EN 10.088 zulassen. Auf diese Herstellerangaben kann im

Rahmen dieses *essential* nicht eingegangen werden, ebenso nicht auf hersteller-spezifische Angaben zu weiteren Eigenschaften der betreffenden austenitischen Stähle, wie z. B. Schleifbarkeit und Bearbeitbarkeit sowie auf Empfehlungen zum Umformen, Spanen und Schweißen.

Was Sie aus diesem *essential* mitnehmen können

- Interessantes aus der Entstehungsgeschichte der austenitischen Stähle im Kontext mit der Entwicklung der Gruppe der korrosionsbeständigen Stähle
- Erläuterungen zu den in der Praxis genutzten nichtrostenden austenitischen Stählen, strukturiert nach Sorten, chemischen Zusammensetzungen, Gefügen und Eigenschaften
- Kurzbeschreibung der Erzeugung, Wärmebehandlung und Weiterverarbeitung
- Hinweise zu Anwendungen von nichtrostenden austenitischen Stählen
- Überblick zu Werkstoffdaten für ausgewählte nichtrostende austenitische Stähle

J. Schlegel, *Nichtrostender austenitischer Stahl*, essentials,
https://doi.org/10.1007/978-3-658-42286-8

Literatur

Bergmann, W. (2013). *Werkstofftechnik 1: Struktureller Aufbau von Werkstoffen – Metallische Werkstoffe – Polymerwerkstoffe – Nichtmetallisch-anorganische Werkstoffe*. 7. neubearbeitete Auflage, Carl Hanser Verlag, München.

Bleck, W. (2010). *Werkstoffkunde Stahl für Studium und Praxis*. Verlagsgruppe Mainz.

Burghardt, H. & Neuhof, G. (1982). *Stahlerzeugung*. VEB Deutscher Verlag für Grundstoffindustrie, Leipzig.

Domke, W. (2001). *Werkstoffkunde und Werkstoffprüfung*. 10. verbesserte Auflage, Cornelsen-Velhagen & Klasing, ISBN 3-590-81220-6.

Euro Inox (2007). *Stainless Steel: Table of Technical Properties*. Materials and Applications series, Vol. 5, ISBN 978-2-87997-242-8.

Fofanov, D. & Heubner, U. (2013). *Merkblatt 827: Magnetische Eigenschaften nichtrostender Stähle*. 1. Auflage, Informationsstelle Edelstahl Rostfrei, Düsseldorf.

IMOA/ISER-Dokumentation (2022). *Verarbeitung austenitischer nichtrostender Stähle – Ein praktischer Leitfaden*. ISBN 978-1-907470-14-1.

Informationsstelle Edelstahl Rostfrei (2022). *Einfluss wichtiger Legierungs- und Spurenelemente auf die Eigenschaften in nichtrostenden Stählen*. Realisierung: L.N. Schaffrath DigitalMedien GmbH.

Köstler, H. J. (1990). *Max Mauermann* in: Neue Deutsche Biographie (NDB), Band 16, Duncker & Humblot, Berlin.

Langehenke, H. (2007). *Werkstoff-Kurznamen und Werkstoff-Nummern für Eisenwerkstoffe: DIN-Normenheft 3 DIN-Normen und Werkstoffblätter Querverweislisten*. Taschenbuch, Beuth.

Lowe, D. B. (2017). *Das Chemiebuch: 250 Meilensteine der Chemie: Vom Schießpulver bis zum Graphen*. Libero.

Meyer, R. (2005). *Untersuchungen zur Optimierung der Fertigungstechnologie von gezogenem Draht aus ausgewählten Edelstählen und Sonderwerkstoffen durch Reduzierung der Ziehprobenanzahl bei erhöhter Eigenschaftsvorhersagegenauigkeit*. Diplomarbeit, Staatliche Studienakademie Glauchau, BGH Edelstahl Lugau GmbH.

Schaeffler, A. L. (1949). *Constitution Diagram for Stainless Steel Weld Metal*. in: Metal Progress, Verlag American Society for Metals, Cleveland, Ohio.

Schlegel, J. (2021). *Die Welt des Stahls*. Springer.

J. Schlegel, *Nichtrostender austenitischer Stahl*, essentials,
https://doi.org/10.1007/978-3-658-42286-8

Steel Construction Institute (SCI) publication (2017). *Design Manual for Structural Stainless Steel*. 4th Edition, Publication Number: SCI P413, ISBN 13: 978-1-85942-226-7.

Uhlig, G., Rüters, J. & Vogel, A. (2020). *Merkblatt 987: Nichtrostende und hitzebeständige Stähle bei hohen Temperaturen*. Informationsstelle Edelstahl Rostfrei, Düsseldorf.

Wegst, M. & Wegst, C. (2019). *Stahlschlüssel-Taschenbuch*. Verlag Stahlschlüssel Wegst GmbH.

Printed in the United States
by Baker & Taylor Publisher Services